油气田常用安全消防设施器材的使用与维护

主　编　王永强　林德健　王建军

副主编　曹　竹　李　雪　吴爱军

主　审　严　茗

U0206556

西南交通大学出版社

·成　都·

内容简介

本书立足油气田企业生产实际，面向员工工作实际，突出以人为本和源头防范，从个人安全防护器材、压力安全防护器材、电气安全防护器材、应急处置器材、消防器材、登高安全防护器材、气防器材、能量隔离器材等 8 个方面，系统阐释了油气田常见常用安全消防设施器材的含义、分类、功能特点、应用范围以及使用和维护等员工应知应会的知识点。

本书内容翔实，简洁明了，图文并茂，通俗易懂，是油气田企业员工基础安全教育、三级安全教育、安全继续教育培训的理想教材。

图书在版编目（CIP）数据

油气田常用安全消防设施器材的使用与维护／王永强，林德健，王建军主编. 一成都：西南交通大学出版社，2019.5
ISBN 978-7-5643-6847-0

Ⅰ.①油… Ⅱ.①王… ②林… ③王… Ⅲ.①石油企业－消防设备－使用方法②石油企业－消防设备－维修 Ⅳ.①TE687

中国版本图书馆 CIP 数据核字（2019）第 080429 号

油气田常用安全消防设施器材的使用与维护

主　编／王永强　林德健　王建军　　　责任编辑／孟苏成
封面设计／何东琳设计工作室

西南交通大学出版社出版发行
（四川省成都市金牛区二环路北一段 111 号西南交通大学创新大厦 21 楼　610031）
发行部电话：028-87600564　028-87600533
网址：http://www.xnjdcbs.com
印刷：四川森林印务有限责任公司

成品尺寸　185 mm×260 mm
印张　15　　字数　373 千
版次　2019 年 5 月第 1 版　　印次　2019 年 5 月第 1 次

书号　ISBN 978-7-5643-6847-0
定价　48.00 元

课件咨询电话：028-87600533

图书如有印装质量问题　本社负责退换
版权所有　盗版必究　举报电话：028-87600562

前　言

石油和天然气作为我国经济发展的重要能源，对社会进步具有十分重要的支柱作用。特别是近年来，油气能源消耗不断增大，油气田企业的生产负荷和员工的工作负荷也随之不断加强。由于油气田在生产过程中存在高温高压、易燃易爆、有毒有害等特点，其消防安全工作一直都是整个安全应急管理系统工作的重头。

油气田作业环境复杂，危险程度高，事故发生概率大，稍有不慎就有可能发生严重的燃烧爆炸事故，甚至引发二次事故和次生灾害等连锁反应，不仅给油气田企业自身造成巨大损失，对周边企业、人群的正常生产、生活秩序也带来诸多影响。2013 年 11 月 22 日上午 10 时 25 分许，位于山东省青岛经济技术开发区秦皇岛路与斋堂岛街交叉口处一声爆响划破长空——东黄输油管道原油泄漏现场发生爆炸。据有关资料显示，此次事故造成了 62 人遇难、136 人受伤、直接经济损失 7.5 亿元的巨大损失。青岛市"11.22"中石化东黄输油管道泄漏爆炸事故的惨痛教训，再次为企业安全应急工作特别是油气田企业的消防安全应急工作敲响了警钟。

"预防为主，防消结合"，这是我国消防安全工作的八字方针。要做好油气田的消防安全工作，首先要了解和熟悉油气田常见常用的安全消防设施器材。油气田常见常用的安全设施器材有哪些？如何正确使用？怎样保养与维护？在长期的实践中，国内消防安全专家和安全管理员们围绕这类课题做了不懈的努力和探索，同时总结了一些值得广泛推广的应用经验。基于此，这本为油气田企业员工精心编制的安全教育、培训教材——《油气田常用安全消防设施器材的使用与维护》就幸运而生了！

本书立足油气田企业生产实际，面向员工工作实际，突出以人为本和源头防范，从个人安全防护器材、压力安全防护器材、电气安全防护器材、应急处置器材、消防器材、登高安全防护器材、气防器材、能量隔离器材等 8 个方面，重点介绍了油气田常见常用安全消防设施器材的含义、分类、功能特点、应用范围以及使用和维护，让员工了解和熟悉这些安全消防设施器材的基本知识，学习后能够达到会选择、会使用、会保养、会维护的目的。

本书内容翔实，简洁明了，图文并茂，通俗易懂，是油气田企业员工基础安全教育、三级安全教育、安全继续教育培训的理想教材，相信将在更多的油气田企业消防安全应急管理工作中发挥积极作用。在此，我们向所有为本书编写和出版付出劳动、给予支持的有关单位、各位专家和同行们表示衷心的感谢！

由于编写时间仓促，加之编者水平所限，疏漏及不妥之处在所难免，敬请广大读者批评指正。

王永强

2019 年 4 月

目　录

第一章　个人安全防护器材

这里所讲的"个人安全防护器材"，是指员工在生产劳动中常见常用的，为防止、免遭或减轻事故及职业危害伤害而提供给个人的安全保护设备、器材。在这些个人安全防护器材中，主要包括安全帽、工作服、工作鞋、护目镜、工作手套、护耳罩等。本章重点讲解这些防护器材的含义、分类、功能特点、应用范围以及使用和维护，让员工了解"个人安全防护器材"的基本知识，学习后达到会使用、会保养、会维护"个人安全防护器材"的目的。

第一节　安全帽

一、安全帽概述

1. 安全帽的含义

安全帽又称安全头盔（见图1.1），是防御因冲击、刺穿、挤压等伤害头部的帽子，是对人头部受坠落物及其他特定因素引起的伤害，起防护作用的头部防护装备。安全帽现行国家标准是《安全帽》（GB 2811—2007）。

图 1.1　安全帽

2. 安全帽的功能特点

（1）防止飞来物体对头部的打击。
（2）防止从高处坠落时头部受伤害。
（3）防止头部遭电击。
（4）防止化学品和高温液体从头顶浇下时头部受伤。
（5）防止头发被卷进机器里或暴露在粉尘中。
（6）防止在易燃易爆区内，因头发产生的静电而引爆的危险。

3. 分类应用、规格要求、颜色说明

1）分类应用

（1）按帽壳材料分类。

按帽壳材料分，主要分为塑料安全帽、玻璃钢安全帽、橡胶安全帽、竹编安全帽、金属安全帽和纸胶安全帽等（见图1.2～1.5）。前4种材料的安全帽被广泛使用，后2种则使用较少。

图 1.2　塑料安全帽

图 1.3　玻璃钢安全帽

图 1.4　橡胶安全帽

图 1.5　竹编安全帽

　　塑料安全帽具有较好的抗冲击性能，并且质量轻、外观质量较好。玻璃钢安全帽具有强度高，绝缘性能好，耐高温，耐水、酸、碱、油及化学腐蚀等特点，适用于矿山、石油化工、冶炼、高温等多种行业。橡胶安全帽具有良好的抗冲击性、刚性、耐高温性、耐腐蚀性和抗静电性。竹编安全帽是使用特有的一种材料编制的安全帽，具有较好的韧性、抗冲击性能，透气性能最好，但抗穿刺性能较差，不耐燃烧。

　　（2）按适用场所分类。

　　按适用场所分，主要分为普通安全帽和含特殊性能的安全帽（见图 1.6 ~ 1.7）。普通安全帽用于具有一般冲击伤害的作业场所，如建筑工地等。含特殊性能安全帽用于有特殊防护要求的作业场所，如低温、带电、有火源等场所。不同类别的安全帽，其技术性能要求也不一样，使用时应根据实际需求加以选择。

图 1.6　组合式电焊面罩安全帽

图 1.7　防寒安全帽

（3）按帽壳的外部形状分类。

按帽壳的外部形状分，有单顶筋、双顶筋、多顶筋、"V"字形顶筋、"米"字形顶筋、无顶筋和钢盔式等多种形式（见图1.8~1.11）。

图1.8　单顶筋安全帽　　　　　　图1.9　三顶筋安全帽

图1.10　"V"字形顶筋安全帽　　　图1.11　盔式安全帽

（4）按帽檐尺寸分类。

按帽檐尺寸分，有大檐、中檐、小檐和卷檐安全帽，其帽檐尺寸从大到小一般为50~70 mm、30~50 mm以及0~30 mm（见图1.12~1.14）。

图1.12　大檐安全帽　　　　图1.13　小檐安全帽　　　　图1.14　单筋卷边安全帽

2）规格要求

垂直间距：按规定条件测量，其值应在25~50 mm。

水平间距：按规定条件测量，其值应在5~20 mm。

佩戴高度：按规定条件测量，其值应在80~90 mm。

帽箍尺寸：分为小、中、大3个号码，小号51~56 cm，中号57~60 cm，大号61~64 cm。

质量：一顶完整的安全帽，质量应尽可能轻，不应超过 400 g。

帽檐尺寸：最小 10 mm，最大 35 mm。帽檐倾斜度以 20°~ 60° 为宜。

通气孔：安全帽两侧可设通气孔。

帽舌：最小 10 mm，最大 55 mm。

3）颜色说明

国家相关标准并没有对安全帽颜色使用做出指导性规范，各个行业、系统、企业有不同的规范。

如石油系统安全帽颜色规范（见图 1.15）：白色/管理人员，黄色/安全监督人员，红色/操作人员。

图 1.15　石油系统安全帽颜色规范

4. 安全帽的选择要点

1）根据性能特点选择

普通安全帽适用于大部分工作场所，包括建设工地、工厂、电厂、交通运输等。在这些场所可能存在坠落物伤害、轻微磕碰、飞溅的小物品引起的打击。

含特殊性能的安全帽可作为普通安全帽使用，具有普通安全帽的所有性能。按照特殊性能的种类，其对应的工作场所分为：阻燃性，适用于可能短暂接触火焰，短时局部接触高温物体或暴露于高温的场所（见图 1.16）。抗侧压性，适用于可能发生侧向挤压的场所、存在可预见的翻倒物体、可能发生速度较低的冲撞的场所。防静电性，适用于对静电高度敏感、可能发生爆燃的危险场所，包括含高浓度瓦斯的煤矿、粉尘爆炸危险场所及可燃气体等爆炸场所（见图 1.17）。绝缘性，适用于可能接触 400 V 以下三相交流电的工作场所。耐低温性，适用于头部需要保温且环境温度又不低于 − 20 °C 的工作场所。

图 1.16　阻燃安全帽

图 1.17　ABS 阻燃防静电安全帽

2）根据规格、尺寸进行选择

佩戴者根据自身情况，使用符合尺寸的安全帽，感觉舒适、轻巧，不闷热，防尘防灰。

3）根据适用款式选择

大檐帽和大舌帽适用于露天作业，这种安全帽有防日晒和雨淋的作用。小沿帽适用于室内、隧道、涵洞、井巷、森林、脚手架上等活动范围小，易发生帽檐碰撞的狭窄场所。

二、工作原理、结构组成和主要技术要求

1. 工作原理

安全帽的帽壳呈半球形，坚固、光滑并有一定弹性，打击物的冲击和穿刺动能主要由帽壳承受。帽壳和帽衬之间留有一定空间，可缓冲、分散瞬时冲击力，从而避免或减轻对头部的直接伤害。

2. 结构组成

安全帽由帽壳、帽衬、下颏带及其他附件组成。

（1）帽壳。安全帽外表面的组成部分，一般采取椭圆形或半球形薄壳结构，表面连续光滑，可使物体坠落到帽壳上后易滑脱。帽壳由帽舌、帽檐和顶筋等组成。帽舌是指帽壳前部伸出的部分，位于眼睛上部。帽檐是指在帽壳上，除帽舌以外帽壳周围其他伸出的部分。帽舌和帽檐有防止碎渣、淋水流入颈部和防止阳光直射眼部的功能。顶筋是指用来增强帽壳顶部强度的结构（见图1.18）。

顶筋

帽檐

帽舌

图 1.18　安全帽帽壳结构示意图

（2）帽衬。帽壳内部部件的总称。帽衬在冲击过程中起主要的缓冲作用。帽衬由帽箍、吸汗带、缓冲垫、衬带等组成（见图1.19）。帽箍是绕头围起固定作用的带圈。吸汗带是附加在帽箍上的吸汗材料。缓冲垫是设置在帽箍和帽壳之间吸收冲击能力的部件。衬带是与头顶直接接触的带子。

（3）下颏带。系在下巴上，起辅助固定安全帽作用的带子，由系带、锁紧卡组成（见图1.20）。

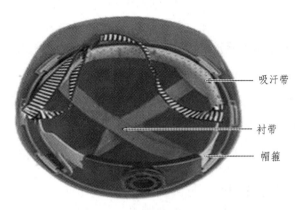

图 1.19   安全帽帽衬结构 1

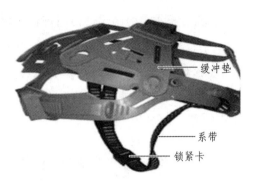

图 1.20   安全帽帽衬结构 2

（4）附件。附加于安全帽的装置。包括眼面部防护装置、耳部防护装置、主动降温装置、电感应装置、颈部防护装置、照明装置、警示标志等（见图 1.21 ~ 1.22）。

图 1.21   带有附件的安全帽 1

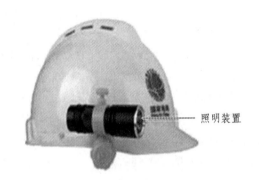

图 1.22   带有附件的安全帽 2

3. 主要技术要求

1）一般要求

（1）帽箍可根据安全帽标识中明示的适用头围尺寸进行调整。

（2）帽箍对应前额的区域应有吸汗性织物或增加吸汗带，吸汗带宽度大于或等于帽箍的宽度。

（3）系带应采用软质纺织物，并采用宽度不小于 10 mm 的带或直径不小于 5 mm 的绳。

（4）不得使用有毒、有害或易引起皮肤过敏等对人体有伤害的材料。

（5）材料耐老化性能应不低于产品标识明示的日期，正常使用的安全帽在使用期内不能因材料原因导致其性能低于标准要求。所有使用的材料应具有相应的预期寿命。

（6）当安全帽配有附件时，应保证安全帽正常佩戴时的稳定性。附件应不影响安全帽的正常防护功能。

（7）质量：普通安全帽不超过 430 g，防寒安全帽不超过 600 g。

（8）帽壳内部尺寸：长 195 ~ 250 mm；宽 170 ~ 220 mm；高 120 ~ 150 mm。

（9）帽舌：10 ~ 70 mm。

（10）帽檐：≤70 mm。

（11）突出物：帽壳内侧与帽衬之间存在的突出物高度不得超过6 mm，突出物应有软垫覆盖。

（12）通气孔：当帽壳留有通气孔时，通气孔总面积为150～450 mm²。

2）基本技术性能

（1）冲击吸收性能。经高温、低温、浸水、紫外线照射预处理后做冲击测试，传递到头模上的力不超过4 900 N，帽壳不得有碎片脱落。

（2）耐穿刺性能。经高温、低温、浸水、紫外线照射预处理后做穿刺测试，钢锥不得接触头模表面，帽壳不得有碎片脱落。

（3）下颏带的强度。下颏带发生破坏时的力值应为150～250 N。

3）特殊技术性能

（1）防静电性能。表面电阻率不大于1×10^9 Ω。

（2）电绝缘性能。泄漏电流不超过1.2 mA。

（3）侧向刚性。残余变形不超过15 mm，帽壳不得有碎片脱落。

（4）阻燃性能。续燃时间不超过5 s，帽壳不得烧穿。

（5）耐低温性能。经低温（－20 ℃）预处理后做冲击测试，冲击力值应不超过4 900 N，帽壳不得有碎片脱落。

经低温（－20 ℃）预处理后做穿刺测试，钢锥不得接触头模表面，帽壳不得有碎片脱落。

三、安全帽的使用和维护

1. 使用方法及规范

（1）使用前应检查安全帽的外观是否有裂纹、碰伤痕迹、凸凹不平、磨损，帽衬是否完整，帽衬的结构是否处于正常状态。

（2）戴安全帽前应将帽后调整带按自己头型调整到适合的位置，然后将帽内弹性带系牢。缓冲衬垫的松紧由带子调节，人的头顶和帽体内顶部的空间垂直距离一般为25～50 mm，至少不要小于32 mm为好。这样才能保证当遭受到冲击时，帽体有足够的空间可供缓冲，平时也有利于头和帽体间的通风（见图1.23）。

图1.23　安全帽的佩戴

（3）安全帽正确的佩戴方法是：首先调大后箍，戴上去之后调整后箍至合适的位置，然后系好下颏带（见图 1.24）。

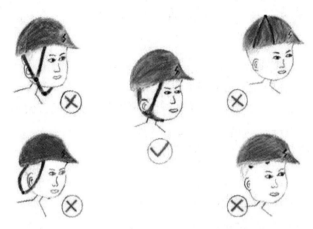

图 1.24　安全帽佩戴对错辨识图示

（4）使用者不能随意调节帽衬的尺寸，这会直接影响安全帽的防护性能，落物冲击一旦发生，安全帽会因佩戴不牢脱出或因冲击后触顶直接伤害佩戴者。

（5）使用者在佩戴时一定要将安全帽戴正、戴牢，不能晃动，要系紧下颏带，调节好后箍以防安全帽脱落。

2. 维护和保养

（1）安全帽不应储存在有酸碱、高温（50 ℃以上）、阳光直射、潮湿等处，还应避免重物挤压或尖物碰刺，以免其老化变质。

（2）帽衬由于汗水浸湿而容易损坏，可用冷水、温水（低于 50 ℃）经常清洗，损坏后要立即更换。

（3）帽壳与帽衬，不可放在暖气片上烘烤，以防变形。

（4）使用者不能随意在安全帽上拆卸或添加附件，不能私自在安全帽上打孔，不能随意碰撞安全帽，以免影响其原有的防护性能。

（5）由于安全帽在使用过程中会逐步损坏，所以要定期进行检查，仔细检查有无龟裂、下凹、裂痕和磨损等情况。如存在影响其性能的明显缺陷应及时报废，不要戴有缺陷的安全帽（见图 1.25）。

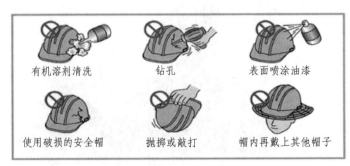

图 1.25　安全帽维护保养警示图

3. 注意事项

（1）严禁在帽衬上放任何物品，严禁随意碰撞安全帽，严禁将安全帽充当器皿使用，严禁将安全帽当板凳坐，以免影响其强度。

（2）安全帽必须戴正。如戴歪，一旦受到打击，起不到减轻对头部冲击的作用。

（3）必须系紧下颏带。如果不系紧下颏带，一旦发生构件坠落打击事故，安全帽就容易脱落，导致严重后果。

（4）若帽壳、帽衬老化或损坏，降低了耐冲击和耐穿透性能，不得继续使用，要更换新帽。

（5）经受过一次冲击或做过试验的安全帽应作废，不能再次使用。

（6）应注意在有效期内使用安全帽，竹编的安全帽有效期为 2 年，塑料安全帽的有效期限为 2.5 年，玻璃钢和胶质安全帽的有效期限为 3.5 年，超过有效期的安全帽应报废。

第二节　工作服

一、工作服概述

1. 工作服的含义

工作服又称劳保服，是指在工作中企业员工统一穿着的，或个别特殊岗位员工在生产劳动中必须穿着的具有特定防护功能的服装。工作服包括普通工作服（包括厂服、职业装、工装等）和具有特殊功能的防护工作服（也称防护服）。

2. 功能特点及型号规格

1）工作服的功能特点

（1）普通工作服的功能特点

① 让员工统一着装，便于企业规范管理（这类工作服一般都在左上胸部印有该公司标志和字号）。

② 体现企业内涵，展示企业文化，提升企业形象。

③ 工作环境的需要，便于作业，同时对人体具有一定的保护作用。

（2）防护工作服的功能特点

① 生产劳动过程中，引起身体伤害的因素主要有高温作业、电磁辐射、化学药剂、静电危害及低温作业等。因此，不同类型的防护服其功能作用也不一样。

② 防静电工作服的主要功能特点是预防和减少静电的产生及其危害。

③ 防酸碱工作服的主要功能特点是预防酸碱物质对人体造成的伤害。

④ 阻燃防护服的主要功能特点是其阻燃性，从而保护火场作业人员的人身安全。

⑤ 防水工作服的主要功能特点是其防水性，为涉水作业人员提供安全保障。

总之，每一种防护服都具有与自身名字相关的、特定的功能特点。

2）工作服的号型规格

工作服号型规格参照执行的标准是《劳动防护服号型》（GB/T 13640—2008）。号型是反映人体高矮、肥瘦的尺寸，其中"号"以身高表示，是设计和选用服装长度的依据。"型"以胸围表示，是设计和选用服装围度的依据。男子工作服号型设置见表1.1，女子工作服号型设置见表1.2。

表 1.1　男子工作服号型设置（单位为厘米）

号	型								
155	76	80	84	88	92	96			
160	76	80	84	88	92	96	100		
165	76	80	84	88	92	96	100	104	
170	76	80	84	88	92	96	100	104	108
175		80	84	88	92	96	100	104	108
180			88	92	96	100	104	108	
185			92	96	100	104	108		

表 1.2　女子工作服号型设置（单位为厘米）

号	型							
145	72	76	80	84	88	92		
150	72	76	80	84	88	92	96	
155	72	76	80	84	88	92	96	100
160	72	76	80	84	88	92	96	100
165		76	80	84	88	92	96	100
170			84	88	92	96	100	
175				88	92	96	100	

3. 工作服的结构、分类及应用

1）普通工作服的结构、分类及应用

普通工作服一般包括帽子、上衣、裤子，三者间不采用连身式结构。但是，根据工种需要，有的工作服袖口、下摆、脚踝口、帽子面等处需要收口。

普通工作服通常按市场需求、产业属性、行业结构、使用功能、服装材料、结构风格、时令气候等进行分类，这里不再细述。普通工作服应用十分广泛，适用于各种类型的企业，一般用于对工作环境没有特殊要求的岗位。

针对不同行业，同一行业不同企业，同一企业不同岗位，同一岗位不同身份、性别，工作服大小、颜色、选料等规格要求参照和执行国家有关标准。在石油系统工作服的色系区分上，一般油田为红色，炼化企业为灰色，加油站为黄色。

2）防护工作服的结构、分类及应用

防护工作服一般由帽子、上衣、裤子组成，有连体式和分体式结构设计（见图1.26），袖口、脚踝口、帽子面部采用弹性橡筋收口，穿着方便、结合部位严密。常见的防护工作服有短装、衣裤连装、长装大衣、罩衣等形式。

防护工作服一般按照其功能分类，主要分为防静电工作服、防酸碱工作服、涉水作业服、防水工作服、阻燃防护服、防机械外伤工作服、防尘服、防寒服等。这里我们着重讲解在石油系统常见常用的几种防护工作服。

图1.26　分体式防护工作服

（1）防静电工作服。

防静电工作服，即防静电服、防静电特种工装。防静电服是为了防止服装上静电积聚，采用防静电织物为面料，按照规定的款式和结构缝制的工作服（见图1.27）。现行标准是《防静电服》（GB 12014—2009）。

防静电工作服广泛应用于石油、石化、化工、炼化、电子、医疗、烟花爆竹等行业领域。防静电工作服主要用于火灾爆炸危险场所。

图1.27　防静电工作服（夏装）

（2）防酸碱工作服。

防酸碱工作服又叫防酸碱服、防毒防化服，是工作人员在有危险性化学物品或腐蚀性物品的现场作业时，为保护自身免遭化学危险品或腐蚀性物品的侵害而穿着的防护服（见图1.28）。现行标准是《防护服装酸碱类化学品防护服》（GB 24540—2009）。

防酸碱工作服适用于从事与酸、碱接触的人员使用，是在酸碱性环境下使用的特殊防护服装。

（3）抗油拒水工作服。

抗油拒水工作服又称抗油拒水防护服（见图1.29），是指经过整理使防护服织物纤维表面能排斥、疏远油、水类液体介质，从而达到既不妨碍透气舒适，又能有效抗拒液体对内衣和人体的侵蚀的效果。

图 1.28　防酸碱工作服（连体式）　　　　图 1.29　抗油拒水工作服（连体式）

抗油拒水工作服在石油、化工、机械、电力、橡胶、食品、油脂以及油类运输等行业应用广泛，适用于接触油水介质频繁的作业环境，如钻井工和井下作业等。

（4）防水工作服。

防水工作服是具有防御水透过和渗入的工作服（见图 1.30），包括劳动防护雨衣、下水衣、水产服等品种。

防水工作服主要用于保护从事淋水、喷溅水作业和排水、水产养殖、矿井、隧道等在水中浸泡作业的人员。

（5）阻燃防护服。

阻燃防护服是指在直接接触火焰及炙热的物体时，能减缓火焰的蔓延，炭化形成隔离层以保护人体安全与健康的一种防护服（见图 1.31）。阻燃防护服的标准通常用《消防员灭火防护服》（GA 10—2002）、《防护服装阻燃防护第 1 部分：阻燃服》（GB 8965—2009）。

阻燃防护服广泛用于冶金、石油化工、焊接等行业领域。

图 1.30　防水工作服（连体式）　　　　图 1.31　阻燃防护服（分体式）

二、几种常用防护服的面料、结构、分类及选择

1. 防静电工作服

1）采用面料

防静电工作服采用不锈钢纤维、亚导电纤维、防静电合成纤维与涤棉混纺或混织布，能自动电晕放电或泄漏放电，可消除衣服及人体静电。

2）结构要求

服装上一般不得使用金属附件，必须使用金属纽扣、拉链时，应严格保证穿着时金属附件不直接外露，以免放电产生火花，引发火灾、爆炸。

服装应全部使用防静电织物，不使用衬里。必须使用衬里（衣袋、加固布等）时，衬里露出面积应小于全部防静电服内露出面积的 20% 以下。对防寒服或其他特殊要求的防静电服，衬里露出面积超过全部防静电服内露出面积的 20% 时，应做成面罩与衬里可拆式。

防静电工作服有分体式结构（见图 1.32），也有连体式结构。

图 1.32　分体式防静电工作服

3）分级分类

合格的防静电工作服，每件成品上必须注有生产厂名、厂址、产品名称、商标、号型规格、产品等级、生产日期。说明书中的产品等级应为防静电性能的等级，A 级或 B 级。

（1）防静电劳保服：主要用于石油化工、油船港口、兵器医药、油库等危险品场所，防止服装或人体静电放电引起爆炸、火灾事故发生。

（2）防静电工作服：主要用于电子通信等工厂行业、ESD 产品制造、组装车间和计算机房，用于保护产品免受破坏和避免仪器由于静电干扰引起误动作。

（3）防静电洁净工作服：主要用于电子、医药、食品、生物工程等具有洁净要求的生产环境，它除具有上述两种防静电的作用以外，还可以避免由于静电吸尘以及屏蔽人体产生微尘进入工作空间，影响产品质量。

4）选择要点

防静电工作服的防静电性能有一定的耐久性，因此，选择防静电工作服时还需要根据工作场所的污染情况所决定的洗涤要求，选择相应防静电级别的工作服。

（1）防静电工作服用于火灾爆炸场所，所以通常应选择同时具有阻燃性能的防静电工作服，为劳动者提供更加可靠的防护。加油站操作工及相近工种使用的防静电工作服，应同时具有防油作用。

（2）全棉制的工作服有防止静电产生的效果，但不一定能达到防静电工作服所要求的单件服装带电电荷量小于 0.6 μC 的要求，尤其是在洗涤后。由于洗涤剂的选用等原因，其防止静电产生的效果会有所下降。因此，在选择全棉织物制作的防静电工作服，特别在北方干燥地区时，一定要慎重。

2. 防酸碱工作服

1）采用面料

防酸碱面料，要求其防酸碱性能达到国家防酸性能标准 90%，还要具有良好的透气性能且遇酸碱液、油水不渗透，具有耐酸透时间长，耐酸压高且浸降率低等良好的防酸碱性能，对从业人员有很好的保护功能。

2）结构要求

防酸碱工作服按照结构分为分体式防护服和连体式防护服两类。服装主体胶布经贴合—缝制—贴条工艺制成。分体式防护服上衣应"领口紧、袖口紧和下摆紧"，裤子应为直筒裤。连体式防护服应"领口紧、袖口紧、裤腿紧"，服装应尽可能轻便并易于活动、穿脱。

3）分级分类

防酸碱工作服又称防酸工作服、消防防护服，根据材料的性质不同，分为透气型防酸工作服与不透气型防酸工作服。

透气型防酸碱工作服一般分为分身式和大褂式两种（见图 1.33）。不透气型防酸碱工作服一般分为连体式、分身式、围裙式 3 种。

透气型防酸碱工作服（大褂式）   不透气型防酸碱工作服（连体式）

图 1.33 防酸碱工作服分类图示

4）选择要点

（1）在酸碱污染较轻、非连续接触酸碱溶液的工作场所，可选择透气型防酸碱工作服。

（2）在重度酸碱污染、连续接触酸碱液的工作场所，应从防护要求出发，选用防护性好的不透气型防酸碱工作服。

（3）与防酸碱工作服配用的其他个体防护用品，也必须具备防酸碱功能。

3. 抗油拒水工作服

1）采用面料

抗油拒水工作服主体胶布采用经阻燃增粘处理的锦丝绸布，双面涂覆阻燃防化面胶制成，主体胶布遇火只产生炭化，不溶滴，又能保持良好强度（见图1.34）。

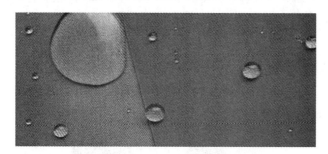

图 1.34　抗油拒水面料

2）结构要求

抗油拒水工作服一般采用分体式设计，由衣服和裤子组成，并且要求领口紧、袖口紧、下摆紧、裤腿紧。此外，也有由帽子、上衣、裤子组成的连体式结构多功能防护服，同时具备抗油拒水、防静电、防酸碱等功能特点。

3）分级分类

抗油拒水工作服的主要指标为抗油和拒水，按季节分为冬季抗油拒水工作服和夏季抗油拒水工作服两种（见图1.35）。

抗油拒水工作服（夏装）　　　　　　　抗油拒水工作服（冬装）

图 1.35　抗油拒水工作服分类图示

4）选择要点

（1）按所处时令选择：若处于冬季则选择冬季抗油拒水工作服。若处于夏季则选择夏季抗油拒水工作服。

（2）按作业环境选择：若作业场所只需预防油、水类液体介质的侵蚀，则选择分体式抗油拒水工作服即可。若作业场所除了油、水类液体介质外，还存在酸碱类介质和静电危害，则需要选择连体式抗油拒水、防静电、防酸碱多功能防护服。

4. 防水工作服

1）采用面料

防水工作服一般采用橡胶涂覆织物或是聚氯乙烯、聚乙烯塑料等高分子材料制成。面料大都集防水、透气、御寒、耐用于一体，遇水保持漂浮。

2）结构要求

防水工作服既有分体式也有连体式两种设计结构。分体式由衣服（一般衣帽连接）和裤子组成，要求领口、袖口、下摆、裤腿收口处理（见图 1.36）。连体式由防护帽、上衣、裤子及防滑鞋无缝连接成一个整体，防水拉链和拉链锁实现密闭功能。

图 1.36　分体式防水工作服（劳动防护雨衣）

3）分级分类

防水工作服一般分为劳动防护雨衣、下水衣、水产服等 3 类。

4）选择要点

防水工作服的选择根据作业现场环境而定，陆上作业防雨用劳动防护雨衣，水中作业选用下水衣，渔业捕捞或水产养殖选用水产服。

5. 阻燃防护服

1）采用面料

国际上较先进的阻燃防护服采用芳香族聚酰胺、芳香族聚酰亚，在面料的纤维组分中同时含有耐高温纤维、高强低延伸防弹纤维及抗静电纤维等高科技、永久性耐热防火纤维材料，一般的配比为 93：5：2（见图 1.37），同时也有采用纯棉或腈纶等后处理阻燃布的。阻燃防护服在各个选料、生产等环节有着严格的质量标准和要求，服装辅料也必须带有阻燃效果，特别是拉链，用金属拉链直接接触皮肤会烫伤人体。

图 1.37　阻燃面料

2）结构要求

阻燃防护服一般采用连体式设计，头罩、上衣、裤子连体缝制而成。上身防火阻燃防护服有安全方便的内置口袋，袖口均配置可调纽扣。款式上为紧口式：紧袖口、领口、裤口。消防员用的一般为 4 层阻燃服，而普通工业用的通常为 1 层阻燃服。

3）分级分类

阻燃防护服按防护要求主要分为两大类：一种是高温防护服（见图 1.38），另一种是耐高温防护服（见图 1.39）。

图 1.38　高温防护服

图 1.39　耐高温防护服

4）选择要点

查：检查阻燃防护服的内、外包装，各商标、标识、特种劳动防护用品安全标志是否齐全、正确。是否附有洗涤、维护、保养的说明书。

看：查看阻燃防护服的外观，应没有表面疵点、破损及缝合缺陷。阻燃工作服的结构应为领口、袖口、下摆三紧式，以免炽热物体或火花飞溅，伤害人体。明衣袋应带兜盖，以免集存飞溅的金属或火花。为散热而留的通气孔宜在腋下、背部、胯部内侧，以免外部异物进入。

摸：质量较好的阻燃防护服摸起来手感较柔软，不刺激皮肤。

嗅：某些不合格的阻燃剂有一定的毒性，且有一定的刺激性气味。将阻燃防护服从包装袋中取出嗅闻，不应有异味或刺激性气味。

试：一试阻燃防护服的袋及装饰物，应不影响正常工作。二试穿脱是否方便、快捷，应可迅速脱卸。

三、工作服的使用和维护

1. 防静电工作服的使用和维护

1）使用方法及规范

防静电工作服大都是连体式设计，正确穿戴方法如下：

（1）从包装盒中取出防静电工作服。

（2）小心卸下包装，展开防静电工作服，检查其是否完好无损。

（3）拉开防静电工作服背部的拉链。

（4）先将腿伸进连体防护服，然后伸进手臂，最后戴上头罩。

（5）拉上拉链，并将按扣按好。

（6）穿上安全靴，并按照需要调节好鞋带。

（7）必须确认裤腿完全覆盖住安全靴的靴筒。

（8）最后戴上手套，这样就穿戴好了全套防静电工作服及组件（见图1.40）。

（9）依照相反的顺序脱下防静电工作服。

图 1.40　穿戴好的连体式防静电工作服示意图

2）维护和保养

（1）防静电工作服最好使用中性洗涤剂清洗，洗涤时不要与其他衣物混洗，采用手洗或洗衣机柔洗程序，以免导电纤维断裂。

（2）洗涤水温应在40℃以下，漂洗用常温清水。洗涤时间尽可能短，但必须充分漂洗，以清除残留的洗涤剂。

（3）兼有阻燃、防油性能的防静电工作服，切勿使用漂白粉、有机溶剂去污。

（4）防静电工作服应存放在干燥通风仓库内，防止霉烂变质。贮存时，离地面和墙壁200 mm以上，离一切发热体1 m以上。应避免阳光直射，严禁露天放置。

3）注意事项

（1）防静电工作服必须与规定的防静电鞋配套穿用。

（2）禁止在防静电服上附加或佩戴任何金属物件。需随身携带的工具应具有防静电、防电火花功能。金属类工具应置于防静电工作服衣带内，禁止金属件外露。

（3）禁止在易燃易爆场所穿脱防静电工作服。

（4）在强电磁环境或附近有高压裸线的区域内，不能穿用防静电工作服。

（5）防静电工作服出现破损、缝线脱断、霉变、导电纤维脱断，或已达到防静电等级规定的耐洗涤时间，应及时报废。

（6）使用单位应对使用期达到使用期限一半或存放期达1年的防静电工作服抽样送检，经检测失去防静电性能的产品应整批及时报废，以保证产品合格使用。

2. 防酸碱工作服的使用和维护

1）使用方法及规范

（1）防酸碱工作服必须与其他防护用品（包括护目镜、手套、鞋靴、面罩）配合使用，才能为劳动者提供全面的防护（见图1.41）。

（2）使用中防酸碱工作服的钩、扣等附件脱落必须及时补齐。

（3）穿着时各处钩、扣应扣严实，帽、上衣、裤子、手套、鞋靴等结合部位密闭严实，防止酸碱液渗入。

（4）带衣袋的工作服，应将兜盖盖严扣紧，防止积存酸碱液物。

（5）穿用中应避免接触锐器，以防受到机械损伤。

（6）透气型防酸碱工作服并不适用于连续接触化学酸碱液的工作场所。

（7）一旦防酸碱工作服沾染了酸液，应立即脱下清洗，重新换用一件。

图1.41 防酸碱工作服必须与其他防护用品配合使用

2）维护和保养

（1）透气型防酸碱工作服最好使用中性洗涤剂清洗，洗涤时不要与其他衣物混洗，采用手洗或洗衣机柔洗程序，切忌用毛刷等硬物刷洗、用棒槌捶打或用手用力揉搓。洗涤水温应在40℃以下，洗涤时间尽可能短，但应有充足时间清水漂洗，以清除残留的洗涤剂。切勿使用漂白粉、有机溶剂去污，以免影响防酸碱性能和衣料的牢度。防酸碱工作服宜自然晾干，避免日光暴晒。衣服在半干的状态下，最好在115℃左右的温度熨烫一下，这可以在一定程度上减缓防酸碱性能的下降。

（2）不透气型防酸碱工作服一般应采用大量清水冲洗，可用毛刷轻轻刷洗污物，但切忌使用滚烫的热水、有机溶剂清洗，避免日光暴晒、热烘、熨烫，以免老化、龟裂、溶胀而失去防护性能。

（3）合成纤维类防酸碱工作服不宜用热水洗涤、熨烫，避免接触明火。

（4）防酸碱工作服保存时尽量避免折叠，可以挂起来存放于通风干燥、远离热源处，离地面和墙壁200 mm以上，离一切发热体1 m以外。

（5）胶布和塑料等不透气型防酸工作服储存时应避免高温、日晒，如需折叠，应撒上滑石粉防止粘连。

3）注意事项

（1）透气型防酸碱工作服若经整理剂处理后，其使用期限应适当降低一个档次。

（2）防酸碱工作服出现破损、缝线脱断、霉变、脆变、经酸碱液渗透过或失去防酸碱能力时，应及时报废。

（3）使用期限达到一半或存放期达1年的防酸碱工作服应抽样送检，经检测失去防酸碱性能的产品应整批及时报废。

3. 抗油拒水工作服的使用和维护

1）使用方法及规范

（1）使用前必须认真检查服装有无破损，如有破损，严禁使用。

（2）使用时，必须注意头罩与面具的面罩紧密配合，颈扣带、胸部的大扣必须扣紧，以保证颈部、胸部气密。腰带必须收紧，以减少运动时的"风箱效应"。

（3）禁止在抗油拒水工作服上附加或佩戴任何金属物件。

（4）穿用时应避免接触尖锐器物，防止受到机械损伤。

（5）禁止在易燃易爆和酸碱场所穿脱抗油拒水工作服。

（6）在强电磁环境或附近有高压裸线的区域内，不能穿用抗油拒水工作服。

2）维护和保养

（1）每次使用后，根据脏污情况用肥皂水或0.5%～1%的碳酸钠水溶液洗涤，然后用清水冲洗，放在阴凉通风处，晾干后包装。

（2）折叠时，将头罩开口向上铺于地面。折回头罩、颈扣带及两袖，再将服装纵折，左右重合，两靴尖朝外一侧，将手套放在中部，靴底相对卷成一卷，横向放入防化服包装袋内。

（3）抗油拒水工作服在保存期间严禁受热及阳光照射，不许接触活性化学物质及各种油类，严禁重压。

（4）应存放在干燥通风仓库内，防止霉烂变质。储存时，离开地面和墙壁200 mm以上，离开一切发热体1 m以上。应避免阳光直射，严禁露天放置。

3）注意事项

（1）抗油拒水工作服不得与火焰及熔化物直接接触。

（2）抗油拒水工作服不宜用热水洗涤、熨烫，避免接触明火。

（3）抗油拒水工作服出现破损、缝线脱断、霉变，或已达到抗油拒水等级规定的耐洗涤时间，应及时报废。

（4）使用单位应对使用期限达到一半或存放期达1年的抗油拒水工作服抽样送检，经检测失去抗油拒水性能的产品应整批及时报废，以保证产品合格使用。

4. 防水工作服的使用和维护

1）使用方法及规范

（1）根据使用者的身高选择合适的防水工作服，使用前必须认真检查服装有无破损，如有破损严禁使用。

（2）穿着方法：先穿两脚，再穿双手，戴上帽子，再缚紧腰带，拉上水密拉链，然后收紧腿部，拉紧袖口宽紧带（见图 1.42）。

（3）禁止在防水工作服上附加或佩戴任何金属物件。

（4）穿用时应避免接触尖锐器物，防止受到机械损伤。

（5）禁止在易燃易爆和酸碱场所穿脱防水工作服。

（6）在强电磁环境或附近有高压裸线的区域内，不能穿用防水工作服。

2）维护和保养

（1）使用后，应用肥皂水或 0.5%～1% 的碳酸钠水溶液洗涤，然后用清水冲洗，在阴凉通风处晾干后存放于室内。

（2）防水工作服在保存期间严禁受热及阳光照射，不许接触活性化学物质及各种油类，严禁重压。

（3）应存放在干燥通风仓库内，防止霉烂变质。储存时，离开地面和墙壁 200 mm 以上，离开一切发热体 1 m 以上。应避免阳光直射，严禁露天放置。

图 1.42　穿戴好的连体式
防水工作服示意图

3）注意事项

（1）防水工作服应避免与尖锐物体、高温和腐蚀性物质接触。

（2）防水工作服不宜用热水洗涤、熨烫，避免接触明火。

（3）防水工作服出现破损、缝线脱断、霉变，或已达到防水等级规定的耐洗涤时间，应及时报废。

（4）使用单位应对使用期限达到一半或存放期达 1 年的防水工作服抽样送检，经检测失去防水性能的产品应整批及时报废。

5. 阻燃防护服的使用和维护

1）使用方法及规范

（1）穿戴方法。

① 展开阻燃工作服，检查其是否完好无损。

② 拉开阻燃工作服背部的拉链。

③ 先将腿伸进连体衣，然后伸进手臂，最后戴上头罩。

④ 拉上拉链，并将按扣按好。

⑤ 穿上安全靴，并按照需要调节好鞋带。

⑥ 必须确认裤腿完全覆盖住安全靴的靴筒。

⑦ 最后戴上手套，这样就穿戴好了全套阻燃服及组件（见图 1.43）。

⑧ 依照相反的顺序即可脱下阻燃工作服。

（2）根据不同工作场所和劳动者的工作性质，选用相对应的阻燃防护服。如：易产生静电火花、有防静电要求的工作场所，应选用兼有防静电性能的阻燃防护服；铸造工、电焊工及

图 1.43　穿戴好的耐高温
阻燃防护服示意图

其他存在金属熔滴飞溅的工作场所，应配备焊接用阻燃防护服。

（3）阻燃防护服应与头部、眼面部、手部、足部防护用品配合使用，以实现对劳动者的全面防护。

2）维护和保养

（1）每次使用后，要检查阻燃防护服的全面状况。

（2）要去除阻燃防护服上残留的污垢，应用自来水和中性肥皂清洗，必要时用洗涤剂。

（3）洗涤剂只用在受污染的部位，要小心仔细，以免所用的洗涤剂损坏服装的表面。

（4）如果阻燃防护服已与化学品接触，或发现有气泡现象，则应清洗整个表面。

（5）如果留有油液或油脂的残余物，则要用中性肥皂进行清洗。

（6）阻燃防护服在重新存放前，必须彻底干燥。

（7）阻燃防护服应放置在通风阴凉且干燥的地方，理想的存放条件是专用的衣柜中，要垂直悬挂。

3）注意事项

（1）禁止在有明火、散发火花、熔融金属附近、有易燃易爆物品的场所更衣。

（2）禁止在阻燃防护服上附加或佩带任何易熔、易燃的物件。

（3）穿用阻燃服时，必须配穿相应的防护装备，以完全达到技术效果。

（4）衣服不得与腐蚀性物品放在一起，存放处应干燥通风，离墙面及地面 20 cm 以上，防止鼠咬、虫蛀、霉变。

（5）运输时不得损坏包装，防止日晒雨淋。

（6）阻燃防护服储存期限为 2 年，若发现破损应及时报废。

第三节　工作鞋

一、工作鞋概述

1. 工作鞋的含义

工作鞋也称专业鞋，是为了保护穿着者足腿部免遭作业区域危害的保护用鞋（靴），包括安全鞋、防护鞋和职业鞋。工作鞋现行标准是《安全鞋、防护鞋和职业鞋的选择、使用和维护》（AQ/T 6108—2008）。我们这里主要讲常见常用的安全鞋和防护鞋。

2. 功能特点及号型规格

（1）安全鞋：具有保护特征的鞋，用于保护穿着者免受意外事故引起的伤害，装有保护包头，能提供至少 200 J 能量测试时的抗冲击保护和至少 15 kN 压力测试时的耐压力保护。鞋的尺码有 34 ~ 45 号 12 种大小规格（见图 1.44）。

（2）防护鞋：具有保护特征的鞋，用于保护穿着者免受意外事故引起的伤害，装有保护包头，能提供至少 100 J 能量测试时的抗冲击保护和至少 10 kN 压力测试时的耐压力保护。鞋的尺码有 34～45 号 12 种大小规格（见图 1.45）。

（3）职业鞋：具有保护特征，未装有保护包头的鞋，用于保护穿着者免受意外事故引起的伤害。鞋的尺码有 34～45 号 12 种大小规格（见图 1.46）。

| 图 1.44　安全鞋 | 图 1.45　防护鞋 | 图 1.46　职业鞋 |

3．工作鞋的结构、式样、分类及应用

1）工作鞋的结构

工作鞋由起保护作用的部件与鞋构成一个整体，不损坏的情况下不能被移动。包括贴边、鞋舌、领口、鞋帮、前帮衬里、鞋垫、保护包头、边缘覆盖层、外底、防刺穿垫、内底、后跟、后帮、前帮等（见图 1.47）。

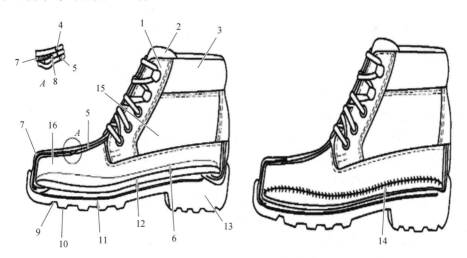

图 1.47　工作鞋结构示意图

1—贴边；2—鞋舌；3—领口；4—鞋帮；5—前帮衬里；6—鞋垫；7—保护包头；
8—边缘覆盖层，如泡沫；9—外底；10—花纹；11—防刺穿垫；
12—内底；13—后跟；14—内底与帮面缝合；
15—后帮；16—前帮

2）工作鞋的式样

工作鞋一般分为低帮鞋、高帮靴、半筒靴、高筒靴、长靴 5 种式样（见图 1.48）。

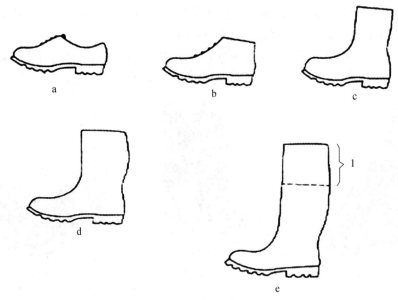

图 1.48　工作鞋式样

a—低帮鞋；b—高帮靴；c—半筒靴；d—高筒靴；e—长靴；
1—各种延长部分，应能适合穿着者

3）工作鞋的分类及应用

（1）按制作材料分。

Ⅰ型：用皮革和其他材料制成的鞋，全橡胶或全聚合材料鞋除外。

Ⅱ型：全橡胶（即完全硫化的）或全聚合材料（即完全模制的）鞋。

（2）按防护性能分。

① 防静电鞋和导电鞋：用于防止人体带静电而引起事故的场所（见图 1.49）。其中，导电鞋只能用于电击危险性不大的场所，为了保证消除人体静电的效果，鞋的底部不得粘有绝缘性杂质，且不宜穿高绝缘的袜子。

② 绝缘鞋（靴）：用于电气作业人员的保护，防止在一定电压范围内的触电事故（见图 1.50）。绝缘鞋只能作为辅助安全的劳保用品，力学性能要求必须良好。

③ 防砸鞋：主要功能是防止坠落物砸伤脚部，鞋的前包头有抗冲击的材料（见图 1.51）。

④ 防酸碱鞋（靴）：用于地面有酸碱及其他腐蚀液如酸碱飞溅的作业场所，防酸碱鞋（靴）的底和皮要有良好的耐酸碱性能和抗渗透性能（见图 1.52）。

⑤ 防刺穿鞋：用于足底的保护，防止被各种坚硬的物件刺伤（见图 1.53）。

⑥ 炼钢鞋：用于钢铁冶炼作业场所，主要功能是防烧烫、刺割。

⑦ 防油鞋（靴）：主要用于地面积油或溅油的作业场所（见图 1.54）。

⑧ 防寒鞋（靴）：用于低温作业人员的足部保护，以免受到冻伤。防寒鞋（靴）分无热源和带热源式两类，前者如棉鞋、皮毛鞋（靴）等，后者如热力鞋（靴），通常以电热为热源。

⑨ 防水鞋（靴）：用于地面积水或溅水的作业场所。品类有工矿防水鞋、盐滩鞋、水产靴、插秧靴等，这类鞋（靴）要求具有一定的耐磨、防滑、防刺穿、耐酸碱盐腐蚀功能。

图 1.49　防静电鞋和导电鞋

图 1.50　绝缘靴

图 1.51　防砸鞋

图 1.52　防酸碱靴

图 1.53　防刺穿鞋

图 1.54　防油鞋

二、工作鞋的特殊性能及选择要点

1. 工作鞋的特殊性能

1）防机械伤害

保护包头要抗冲击和耐压力，抗切割、刺穿和尖锐物。

2）防化学或微生物伤害

进行化学或化学原料相关工作，应使用防化鞋（靴）。防化鞋（靴）不会对每一种化学品都有防护作用，制造商应提供使用指导。使用者应根据化学品的种类来选择防化鞋（靴）并进行测试。防微生物伤害的鞋（靴）应具有液体致密性和气体致密性。

3）防电伤害

（1）导电鞋：导电鞋用于需要在尽可能的最短的时间内将静电荷减至最少的情况，防止在有可燃气体（或粉尘）的工作环境中因静电而引起爆炸的危险。同时还应注意：

① 导电鞋不应在有电击风险中使用。

② 在使用期间，由于屈挠和污染，导电材料制成的鞋的电阻值可能会发生显著变化，应保持导电鞋在整个使用期限内消散静电荷的设计功能。

③ 在使用导电鞋的场所，地面电阻应符合导电要求。

④ 在使用过程中，除了一般的袜子，鞋内底与穿着者的脚之间不应有绝缘部件。如果有鞋垫，则应检查鞋/鞋垫组合体的电阻值。

⑤ 安全鞋、防护鞋和职业鞋（Ⅰ类或Ⅱ类）都能具备导电功能。

⑥ 可移动的鞋内底和鞋垫会降低鞋的导电性能，穿着者进入工作区域时应进行鞋的导电性能的检测。

⑦ 如果鞋底被污染，鞋的电阻增加使导电性能降低。鞋与地面的接触不应降低鞋的导电性。

（2）防静电鞋：防静电鞋用于需要通过消散静电荷来使静电积累减至最小，从而避免静电火花引燃引爆危险。如果电击风险尚未完全消除，则应使用防静电鞋。另外还应注意：

① 防静电鞋不能为电击提供完全的保护，因为防静电鞋不完全绝缘。

② 在使用防静电鞋的场所，地面电阻应符合导电要求。

③ 安全鞋、防护鞋和职业鞋（Ⅰ类或Ⅱ类）都可具备防静电功能。

④ 可移动的鞋内底和鞋垫会降低鞋的导电性能，穿着者每次进入工作区域时应进行鞋的电阻测试。

⑤ 如果鞋底被污染，鞋的电阻增加使导电性能降低。鞋与地板的摩擦接触不应降低鞋的保护性能。

（3）绝缘鞋：绝缘鞋能消除一定电压的电击危险，研究显示心脏的肌纤维损伤与人体接触的电流和接触时间有关。当电流达到某一电压水平，高电阻的绝缘鞋能提供保护作用。

① 穿用电绝缘皮鞋和电绝缘布面鞋时，在工作环境应保持鞋面干燥。

② 穿用任何电绝缘鞋均应避免接触锐器、高温和腐蚀性物质，防止鞋受到损伤影响其绝缘性能。凡帮底有腐蚀、破损之处，不能再以电绝缘鞋穿用。

③ 安全鞋、防护鞋和职业鞋（Ⅰ类或Ⅱ类）都可具备绝缘的功能。

4）防恶劣环境的危险

安全鞋、防护鞋和职业鞋（Ⅰ类或Ⅱ类）可具备耐热或防寒的功能。防寒鞋（靴）内带防寒内衬和内底，在较恶劣的寒冷条件下防寒鞋（靴）能提供适当的保护。

5）其他特种性能（特种工作鞋）

（1）防链锯切割安全鞋：此类鞋防手持链锯切割，在林业、建筑业等从事手持链锯切割及相关工作时应穿着该类鞋。

（2）消防安全鞋：消防安全鞋除符合安全鞋的基本要求外，防火、隔热、防水和抗切割功能应符合《消防员灭火防护靴》（GA 6—2004）的规定，还可附加抗刺穿、抗静电等功能。

2. 工作鞋的选择要点

（1）为避免足部受到伤害，在选择和使用鞋、腿部保护装备之前，安全管理者和鞋的使用者应根据工作场所的防护需求正确选择相应种类。

（2）当选择工作鞋时，应考虑鞋的质量、鞋底的硬度、透湿性、耐水性、鞋底能量吸收和防滑等。

（3）首先要选择穿着舒适及合脚的鞋，此外还要考虑以下因素：

① 鞋及其部件、配件可以来自不同的制造商。

② 保护包头不应夹脚，如夹脚宜更换鞋号。

③ 与踝骨保护连接的领口处应有填充料，以减缓对腿和踝骨区域的压力。

④ 鞋舌有软内垫，以缓解对脚背的压力。

⑤ 具有抗菌功能，以避免因脚的排汗而发生脚癣。

⑥ 高帮靴（Ⅰ类）的透水性和吸水性很重要，良好的透气性能减低靴内潮湿。

⑦ 食品加工作业靴如有可更换内衬，应每天更换其内衬。如不可更换，宜每天更换靴。

⑧ 尽量避免穿用他人的鞋、靴。

3．工作鞋的使用和维护

1）使用方法及规范

（1）工作鞋（靴）除了须根据作业条件选择适合的类型外，还应合脚，穿起来使人感到舒适，这一点很重要，要仔细挑选合适的工作鞋号（见图 1.55）。

（2）工作鞋（靴）要有防滑的设计，不仅要保护人的脚免遭伤害，而且要防止操作人员滑倒所引起的事故。

（3）各种不同性能的工作鞋（靴），要达到各自防护性能的技术指标，如脚趾不被砸伤、脚底不被刺伤、绝缘导电等要求。

（4）使用工作鞋（靴）前要认真检查或测试，在电气和酸碱环境等作业中，破损和有裂纹的工作鞋（靴）都是有危险的。

（5）工作鞋（靴）用后要妥善保管，橡胶工作鞋用后要用清水或消毒剂冲洗并晾干，以延长使用寿命。

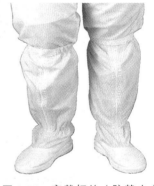

图 1.55　穿戴好的（防静电）工作鞋示意图

2）维护和保养

（1）鞋和腿部保护装备应进行清洁和定期保养，皮鞋应经常用鞋油进行维护。在恶劣环境下，鞋（靴）如果没有适当的保养，其有效期也会很短。

（2）足部和腿的保护装备应按照制造商的要求储存。

（3）使用后，潮湿的鞋子和配件应储存在干燥通风处（见图 1.56），但不要放在接近热源的地方，避免过于干燥而导致皲裂。将特殊的干燥材料放在鞋里也是一种干燥方法。

图 1.56　干燥通风处存放工作鞋

（4）安全管理者有义务确保鞋或腿部保护装备符合规定的状态，并确保必要的维修费用、备用的鞋（靴）、长期的保护和良好的干燥条件，如有缺陷应根据规定修复。

3）注意事项

（1）使用前穿着者应检查足部和腿的保护装备有没有明显的缺陷，损坏的保护装备不允许继续使用（见图 1.57）。

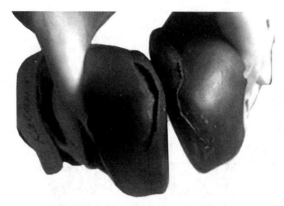

图 1.57　破损的工作鞋不能继续使用

（2）绝缘鞋应储存在干燥的地方。每一次使用前，穿着者应检查绝缘鞋有没有明显的缺陷。绝缘鞋每六个月应进行一次绝缘性能预防性检验，不符合标准规定的鞋不得作为绝缘鞋使用。

（3）如果导电鞋和防静电鞋在可能被增加鞋底电阻的物质所污染的场所穿用，穿着者每次进入危险区域前必须经常检查所穿鞋的电阻值。

（4）在导电鞋和防静电鞋的穿用过程中，一般不超过 200 h 应进行鞋电阻值测试一次。如果电阻不在规定的范围内，则不能作为导电鞋或防静电鞋继续使用。

（5）导电鞋和防静电鞋应在安全的工作地点测试，避免意外伤害。

（6）扣紧系统（拉链、鞋带、金属扣、接触系统和关闭系统）应在正常的工作状态。

（7）正常情况下，聚氨酯底的鞋使用和储存期限不超过 3 年，如超过期限需重新检验合格后使用。

（8）不要使用超过有效期的工作鞋（靴）。

第四节　护目镜

一、护目镜概述

1. 护目镜的含义

护目镜即眼护具（见图 1.58），是一种保护眼面部的个人劳动防护用品，能够防御烟雾、化学物质、金属火花、飞屑和粉尘等伤害。护目镜现行标准是《职业眼面部防护焊接防护第 1 部分：焊接防护具》（GB/T 3609.1—2008）和《个人用眼护具技术要求》（GB 14866—2006）。

图 1.58 护目镜

2. 功能作用及镜片规格

1）功能作用

护目镜的主要作用是对眼面部提供保护，对抗以下伤害：

（1）不同强度的冲击。

（2）可见光辐射。

（3）熔融金属飞溅。

（4）液体雾滴和飞溅。

（5）粉尘。

（6）刺激性气体。

或这些类型伤害的任何组合。

2）镜片规格

（1）单镜片：长×宽尺寸不小于 105 mm×50 mm。

（2）双镜片：圆镜片的直径不小于 40 mm。成形镜片的水平基准长度×垂直高度尺寸不小于 30 mm×25 mm。

3. 产品分类及应用范围

1）产品分类

按照外形结构，护目镜分为眼镜、眼罩和面罩三大类。

2）应用范围

（1）一般用安全眼镜。

防护作用：防冲击、防灰尘、飞屑，防飞溅物。

适用范围：一般场合及化学品处理。

（2）防辐射安全眼镜。

防护作用：紫外线、可见光、红外线等有害射线对眼睛的伤害。

适用范围：存在有害射线的工作场所。

（3）防护式眼罩。

可阻隔尘埃、飞屑、玻璃碎片、化学品飞溅及烟雾。

（4）防雾眼罩。

适用于在酸碱环境下的作业，隔绝化学烟雾与眼睛的接触，防止伤害。

（5）焊接防护面罩。

适用于焊接作业时对眼睛、面部、呼吸的保护。双重滤光，避免电弧产生的紫外线和红外线有害辐射，以及焊接强光对眼睛造成的伤害。有效防止作业出现的飞溅物等对脸部造成侵害，降低皮肤灼伤症的发生。

二、护目镜的特殊性能及选择要点

1. 特殊性能

（1）防屑末和化学溶液溅入眼及损伤面部的面罩，用轻质透明塑料制作，多用聚碳酸酯等塑料，罩面两侧及下端分别向两耳和下颌下端朝颈部延伸，使面罩能更全面地包覆面部，以增强防护效果（见图1.59）。

（2）防热面罩除铝箔面罩外，也可用单层或双层金属网制成，但以双层为好，可使部分辐射被遮挡。

（3）金属网面罩也能防微波辐射。

（4）电焊工用面罩，用一定厚度的硬纸纤维制成，质轻，防热，并具有良好的电绝缘性。

（5）防辐射的防护眼镜，用于防御过强的紫外线等辐射线对眼睛的危害。镜片采用能反射或吸收辐射线，但能透过一定可见光的特殊玻璃制成。

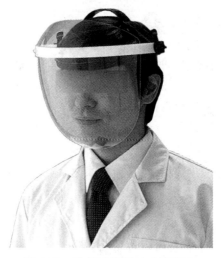

图1.59　防护式眼罩（全面罩）

2. 选择要点

（1）针对各种可能对眼睛和脸部产生的伤害，我们应根据不同的工作环境使用不同的护目镜。

（2）选用护目镜时，应以其具备的功能作用为选择依据。

（3）选用时要考虑与作业中使用的其他防护用品及工具的匹配性（见图 1.60）。如同时佩戴防护眼镜和耳罩，插入耳罩的眼镜腿会影响耳罩的降噪效果。

图 1.60　选用时要考虑与其他防护用品的匹配性

（4）选用时要考虑防护材料对作业条件的适用性。如：某些工作场所要求不含硅胶，而有些防护眼罩则有可能含有硅胶成分。

（5）选用时要考虑在特殊作业环境下使用的安全性。如：在有电击危害存在的场所使用金属材料的防护眼镜，有色镜片在室内使用可使光线减弱而导致危险。

（6）要选用经产品检验机构检验合格的产品。

（7）护目镜的宽窄和大小要适合使用者的脸型。

三、护目镜的使用和维护

1. 使用方法及规范

（1）使用前的检查：

① 检查镜片是否容易脱落，其他部件有无破损。

② 透镜表面应充分研磨，不得有肉眼可看出的伤痕、纹理、气泡、异物等。

③ 戴上透镜时，影像应绝对清晰，不得模糊不清。

（2）镜片磨损粗糙、镜架损坏，会影响操作人员的视力，应及时调换。

（3）护目镜要专人使用，防止传染眼病。

（4）焊接护目镜的滤光片要按规定作业需要选用和更换。

（5）使用中要防止重摔重压，防止坚硬的物体摩擦镜片和面罩。

（6）拿取眼镜时一定要用双手，以脸颊的正面戴上或取下，以免镜框变形。

2. 维护和保养

（1）擦镜片应用专用拭镜布，清洗镜片可用温水、肥皂水、专用清洗剂、超声波眼镜洗净器。

（2）请勿将护目镜放置于潮湿环境中和直射阳光下，以免损伤。

（3）双手摘镜，轻拿轻放，放置时镜片向上，不用时最好放入镜盒中保存。

（4）存放时，镜片应朝向不易被刮伤，手不易碰触、不易被污染的方向妥善保管。

（5）镜架松紧不适或螺丝松动，应及时调整。

（6）更换配件时应以同厂品牌为主，尤其是遮光透镜不可更换不合格品，以免伤害眼睛。

（7）防止雨淋、重压，保持清洁，禁止与酸碱及其他有害物接触。

3. 注意事项

（1）不能随意搓擦镜片以免刮伤。

（2）近视者配备防护眼镜时，应考虑眼科医生的建议。

（3）不要用手指触摸镜片，以免影响视线。

（4）使用防雾镜片前才撕去内外层保护膜，可延长其使用寿命。

（5）不要使用有缺陷的护目镜。

第五节　工作手套

一、工作手套概述

1. 工作手套的含义

这里说的工作手套主要是指防护手套（见图 1.61），是生产劳动中用于防御物理、化学和生物等外界因素伤害手部的个人防护护品。一般以塑料（PVC）、乳胶、橡胶、帆布、白纱、皮革等材料制成，不同类别的防护手套使用不同要求的材质。现行标准是《手部防护　防护手套的选择、使用和维护指南》（GB/T 29512—2013）。

图 1.61　防护手套

2. 功能作用及规格样式

1）功能作用

防护手套的种类繁多，每一类手套都有它自身的特性和防护功能，具体包括防酸碱、防切割、防撞击、防擦伤、电绝缘、防高温、防水、防寒、防辐射、防静电、耐火阻燃、防微生物侵害以及感染等功能。

2）规格样式

防护手套规格分为大（L）、中（M）、小（S）3 种型号。

样式为五指分开式和连指式，有的也分为直型手套（手套的手指和手掌在一平面上的手套）和手型手套（似自然手型的手套，其大拇指与其他 4 指不在一平面上，手掌和 5 个手指略向内弯）。

（1）带电作业用绝缘手套。

带电作业用绝缘手套指作业人员在交流电压 10 kV 及以下电气设备（或相应电压等级的直流电气设备）上进行带电作业时，戴在手上起电气绝缘作用的一种绝缘手套（见图 1.62）。

（2）耐酸碱手套。

耐酸碱手套是在酸碱作业环境中，为了预防酸碱伤害手部的防护用品（见图 1.63）。手套必须具有气密性，在特定压力下，不准有漏气现象发生。此种手套根据材质可以分为橡胶耐酸碱手套、乳胶耐酸碱手套、塑料耐酸碱手套、浸塑耐酸碱手套等。

图 1.62　带电作业用绝缘手套

图 1.63　耐酸碱手套

（3）耐油手套。

这类产品采用丁腈胶、氯丁二烯或者聚氨酯等材料制成（见图 1.64），是在含油质作业环境中，用以保护手部皮肤避免受油脂类物质的刺激引起各种皮肤病，如急性皮炎、痤疮、毛囊炎、皮肤干燥、皲裂、色素沉着以及指甲变化等。

图 1.64　耐油手套

（4）焊工手套。

焊工手套是在焊接作业环境中，为防御高温、熔融金属、火花烧灼手部的个人防护用具（见图 1.65）。采用牛、猪狨革或二层革制成，按指型不同分为二指型、三指型和五指型。

（5）防 X 射线手套。

防 X 射线手套是由能吸收或衰减 X 射线、物理性能良好的软质含铅橡胶制成（见图 1.66），是 X 射线作业环境个人佩戴的防护用品。

图 1.65 焊工手套

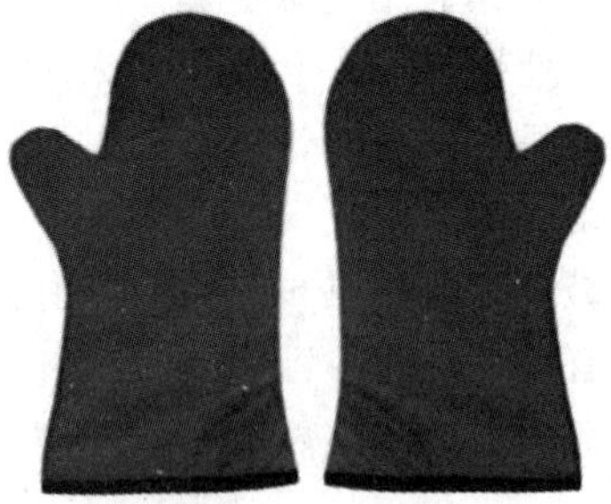

图 1.66 防 X 射线手套

（6）防振手套。

防振手套是用于接触振动作业场所的个人防护用品，主要作用是预防因振动引起的振动性职业病（见图 1.67），如在林业、采矿、建筑作业中，油锯、凿岩机等工具的振动。

（7）耐高温阻燃手套。

耐高温阻燃手套是用于冶炼炉前工或其他炉窑工种的一种保护手套（见图 1.68）。一种是用石棉材料为隔热层，外面衬以阻燃布制成的手套。另一种是用阻燃帆布为面料，中间衬以聚氨酯为隔热层。还有一种是皮革手套表面喷涂金属，耐高温阻燃还能反射辐射热。

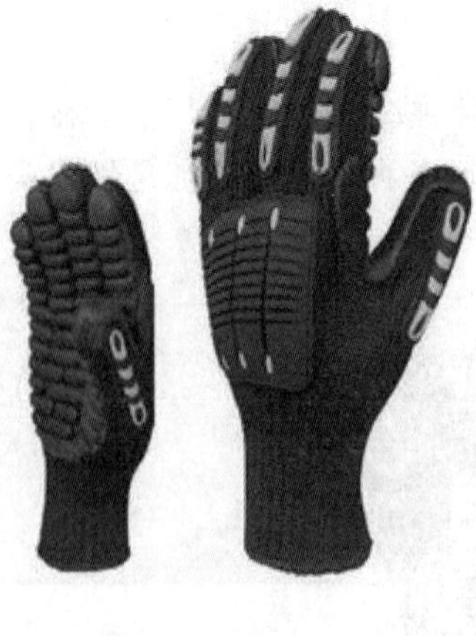

图 1.67 防振手套

图 1.68 耐高温阻燃手套

（8）防静电手套。

防静电手套一种是由含有导电纤维的织料制成（见图 1.69），另一种是由长纤维弹力腈纶编织，然后在手掌部分贴敷聚氨酯树脂，或在指尖部分贴敷聚氨酯树脂或手套表面有聚乙烯涂层。

含导电纤维的手套使聚积在手上的静电很快消失。有聚氨酯或聚乙烯涂层的手套不易产生尘埃和静电，主要用于石油化工、电子仪器、无尘车间等容易产生静电危害和易燃易爆危险的场所。

（9）耐切割手套。

这种手套是采用高强度的纤维与其他纤维纺织而成，主要作用是预防尖硬物体刺割伤手部（见图 1.70）。具有质地柔软、耐切割耐磨损、耐热防火等特性。主要用于金属加工、机械工厂、玻璃工业、汽车工业等行业领域。

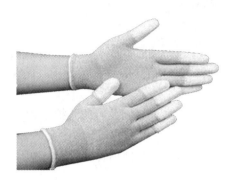

图 1.69 碳纤维防静电涂指手套

图 1.70 耐切割手套

二、技术要求及选择要点

1. 技术要求

（1）塑料（PVC）防护手套。该类手套要使用不会引起皮肤过敏、发炎的原料制作，手套双侧的厚度不小于 0.6 mm，不允许漏气。

（2）乳胶防护手套。此类手套不允许漏气，表面无明显裂痕、气泡、杂质等缺陷。

（3）橡胶防护手套。此类手套不能含有再生胶和油膏，表面必须无裂痕、折缝、发黏、喷霜、发脆等缺陷，除了硫化配料和其他配合剂外，胶料的含量要占总质量的 70% 以上。

（4）帆布防护手套。帆布手套分为五指、三指和二指 3 种。缝制的针码为每厘米 4 ~ 5 针，帆布的质量不小于 380 g/m²。

（5）白纱防护手套。白纱手套分为平口和罗口两种。平口白纱手套要使用白粗号棉纱（21 × 8）合并织成，质量不小于 45 g/副。罗口白纱手套要使用本白粗号棉纱（21 × 9）合并织成，质量不小于 52 g/副。

（6）皮革防护手套。皮革防护手套要使用经过铬鞣制的成品皮革制作。手套表面不得有刀伤、擦伤、虫伤等残缺现象，手套单层的厚度不小于 0.8 mm，手套用皮的铬含量不少于 3.5%，不允许使用能遮蔽缺陷的方法处理手套用皮，不允许使用刺激皮肤的化合物处理手套用皮。

2. 选择要点

1）一般原则

（1）应选择符合相关国家标准要求的产品。

（2）应选择能够提供足够防护、符合人类工效学、穿戴舒适、操作灵活的防护手套（见图 1.71）。

浸塑 耐油 耐酸 耐碱

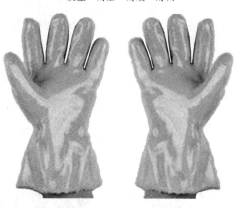

图 1.71 选用时应考虑相应的防护功能

（3）若手部同时受到多种因素危害，应选用同时能够防御相应危害的防护手套，或者多层穿戴，并保证防护的有效性兼顾使用的灵活性。

（4）要求供应商提供手套的制作材料清单，避免选用含有引起使用者过敏反应物质的手套。

2）选择方法

根据危害评价的结果以及作业类别确定防护需求，选择合适的防护手套应包括以下步骤：

（1）确定需要的防护手套类型（见表 1.3）。

表 1.3 不同作业类别防护手套的选择

编号	有害因素	举 例	可选用的防护手套	相关标准
1	摩擦/切割/撕裂/穿刺	破碎，锤击，铸件切割，砂轮打磨，金属加工的打毛清边，玻璃装配与加工	机械危害防护手套	GB 24541—2009
2	手持振动机	手持风钻，风炉，油锯	防振手套	
3	电击	高/低压线路或设备带电维修	带电作业用绝缘手套	GB/T 17622—2008
4	易燃易爆	接触火工材料，易挥发易燃的液体及化学品，可燃性气体作业，如汽油，甲烷等，接触可燃性化学粉尘的作业，如镁铝粉，井下作业	防静电手套	GB/T 22845—2009
5	化学品	接触氯气，汞，有机磷农药，苯和苯的二及二硝基化合物等的作业。酸洗作业。染色，油漆，有关的卫生工程，设备维护，注油作业	化学品防护手套	GB 28881—2012
6	小颗粒熔融金属	电焊，气焊	焊工防护手套	AQ 6103—2007
7	X 线作业	X 射线检测，医用 X 关机使用	防 X 线手套	AQ 6104—2007
8	低温	冰库，低温车间，寒冷室外作业	防寒手套	
9	高温	冶炼，铸造，热轧，锻造，炉窖	耐高温手套	
注 1：防振手套，防寒手套，耐高温手套可分别参考 BS EN ISO 10819：1997、BS EN 511：2006、BS EN 407：2004。				
注 2：接触易燃易爆化学品时，同时佩戴化学品防护手套和防静电手套，和具有防护相关化学品的防静电手套。				

（2）查阅产品标准要求。

（3）确定手套的性能需求。

（4）选择合适的材质以提供必要的防护。

（5）选择合适的防护范围，且尺寸适当、佩戴舒适的手套。

（6）确保选择的手套（如材料、结构）不会有损使用者的安全和健康。

（7）确定选择可重复使用或限次使用的手套。

（8）提供采购规范，确保供应商能够供应符合质量要求的手套。

（9）检查产品合格证、说明书及防护标识。

（10）考虑手套的维护条件。

（11）验证手套的适用性，如初次使用前绝缘手套需进行耐压测试，防化学品手套需进行化学品防护测试。

三、工作手套的使用和维护

1. 使用方法及规范

1）一般原则

（1）任何防护手套的防护功能都是有限的，使用者应了解所使用防护手套功能的局限性。

（2）严格按照产品说明书进行使用，不应使用超过使用期限的手套。

（3）正确佩戴防护手套，避免同一双手套在不同作业环境中使用。

（4）操作转动机械作业时，禁止使用编织类防护手套。

（5）佩戴手套时应将衣袖口套入手套内，以防发生意外。

（6）手套使用前后应清洁双手。

（7）不应与他人共用手套。

2）使用前后检查

（1）使用前佩戴者应检查防护手套有无明显缺陷，损坏的防护手套不允许继续使用。防护手套出现下列情形应更换新的防护手套：

① 产品说明书要求更换的情形。

② 渗透。

③ 裂痕。

④ 缝合处开裂。

⑤ 严重磨损。

⑥ 变形、烧焦、融化或发泡。

⑦ 僵硬、洞眼。

⑧ 发黏或发脆。

（2）有液密性和气密性要求的手套表面出现不明显的针眼，可以采用充气法将手套膨胀至原来的 1.2～1.5 倍，浸入水中，检查是否漏气。

（3）使用后佩戴者应清洁并检查防护手套。

2. 维护和保养

（1）应按照产品说明书要求对防护手套进行适当的清洗和保养。

（2）防护手套应储存在清洁、干燥通风、无油污、无热源或阳光直射、无腐蚀性气体的地方。

3. 注意事项

（1）性能检测。防护手套应根据相关标准或产品说明书要求定期进行性能检测，如绝缘手套每 6 个月进行一次绝缘性能检测。

（2）报废原则。当防护手套出现下列情况之一时，即予报废处理：

① 进行外观检查时，出现应更换新防护手套特征的情形。

② 防护手套超过产品说明书规定的有效使用期限或存储期限。

③ 进行定期检验后，防护性能不符合国家现行标准要求的防护手套。

④ 出现使用说明书中规定的其他报废条件。

第六节　护耳罩（护听器）

一、护耳罩（护听器）概述

1. 护耳罩（护听器）的含义

护耳罩简称耳罩，是由围住耳郭四周而紧贴在头部遮住耳道的壳体所组成的一种护听器，耳罩可用专门的头环、颈环或借助于安全帽或其他设备上附着的器件而紧贴在头部（见图 1.72）。常见的另一种护听器是插入外耳道内，或置于外耳道口处的耳塞。护听器现行标准是《护听器的选择指南标准》（GB/T 23466—2009）和《个体防护装备　护听器的通用技术条件》（GB/T 31422—2015）。

2. 功能作用和型号规格

1）功能作用

耳罩和耳塞的主要作用是保护听觉，使人免受噪声过度刺激所带来的伤害。

图 1.72　带通信功能的耳罩

2）型号规格

环箍式耳罩、挂安全帽式耳罩、环箍式耳塞按适应性一般分为大号、中号、小号 3 个号型，分别用字母 L、M、S 表示。

3. 主要类别及应用范围

1）主要类别

（1）耳罩的分类。

耳罩按佩戴方式分为环箍式耳罩（见图 1.73）和挂安全帽式耳罩（见图 1.74），其中环箍式耳罩分为头顶式、颈后式、下颏式、多向环箍式。头顶式指佩戴时环箍经过头顶。颈后式指佩戴时环箍经过颈后。下颏式指佩戴时环箍经过下颏。多向环箍式指可按头顶式、颈后式及下颏式佩戴。

图 1.73　环箍式耳罩　　　　　图 1.74　挂安全帽式耳罩

（2）耳塞的分类。

耳塞按设计类型分为塑形耳塞、预成形耳塞、定制耳塞等（见图 1.75 ~ 1.77）。按佩戴方式分为环箍式耳塞和不带环箍的耳塞，其中环箍式耳塞分为头顶式、颈后式、下颏式、多向环箍式。按使用次数分为随弃式耳塞、可重复使用的耳塞。

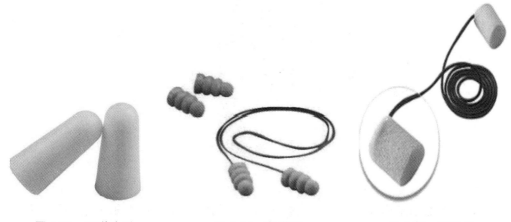

图 1.75　子弹头形　　　　图 1.76　宝塔形　　　　图 1.77　圆柱形

2）应用范围

（1）耳罩：由弓架连接的两个圆壳状体组成，壳内附有吸声材料和密封垫圈，整体形如耳机。适用于噪声较高的环境，声衰减量可达 10～30 dB。可以单独使用，也可以与耳塞结合使用。适合各种耳型人群，脱戴方便，但使用时间长有闷热感。

（2）耳塞：插入耳道后与外耳道紧密接触，以隔绝声音进入中耳和内耳（耳鼓），达到隔音的目的，从而使人能够得到宁静的休息或工作环境。耳塞广泛应用于家庭、学校、工厂、建筑工地、繁华市区等地方。

二、性能特点及选择要素

1. 性能特点

1）耳　塞

慢回弹耳塞一般使用 PU 或 PVC 材料制造，质地比较柔软，其中具有较低反弹力材料的慢回弹耳塞在长时间佩戴时更舒适（见图 1.78）。预成形耳塞一般用橡胶或硅胶材质制造，可直接插入耳道，不必揉搓，佩戴方法简单，但是舒适性较慢回弹耳塞差。而插入式泡沫耳塞介于上述两种产品之间，兼具两者的优点：耳塞头部是慢回弹泡沫材料，提供了良好的舒适度。耳塞中部有一根硬质材料的手柄，方便直接插入耳道。此类产品使用便捷，但缺点是头箍可以传声，佩戴或使用过程中如果碰到头箍，使用者会听到较大的撞击声，影响使用的效果。

图 1.78　慢回弹耳塞

2）耳　罩

耳罩型护听器的结构和佩戴方法比较简单，佩戴位置也不易滑动。但仍需注意的是，耳罩头带的夹紧力和垫圈的密封性直接影响防护效果和佩戴的舒适性。头带的顶部带泡棉且其较宽的设计可以分散耳罩对头部的压力，有利于长时间佩戴（见图 1.79）。垫圈是密封的关键部件，有些产品在垫圈内嵌注入了液体啫喱内圈，在维持密封的同时很好地改善了舒适性。

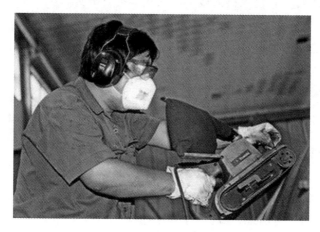

图 1.79　耳罩适用于长时间工作的佩戴

2. 选择要素

1）选择原则

（1）安全与健康原则：选择护听器要充分考虑使用环境和佩戴个体的条件，保证佩戴护听器过程中的人员安全与健康。

（2）适用原则：护听器应在提供有效听力保护的同时不影响生产作业的进行，避免过度保护。

（3）舒适原则：护听器应具有较好的佩戴舒适性，避免由于佩戴不舒适导致佩戴者不按正确的方式使用护听器，从而降低其听力防护作用。

2）护听器选型一般要求

（1）高温、高湿环境中，耳塞的舒适度优于耳罩。

（2）一般狭窄有限空间里，宜选择体积小、无突出结构的护听器。

（3）短周期重复的噪声暴露环境中，宜选择佩戴摘取方便的耳罩或半插入式耳塞。

（4）工作中需要进行语言交流或接收外界声音信号时，宜选择各频率声衰减性能比较均衡的护听器。

（5）强噪声环境下，当单一护听器不能提供足够的声衰减时，宜同时佩戴耳塞和耳罩，以获得更高的声衰减值。

（6）耳塞和耳罩组合使用时的声衰减值，可按二者中较高的声衰减值增加 5 dB 估算。

（7）如果佩戴者留有长发或耳郭特别大，或头部尺寸过大或过小不宜佩戴耳罩时，宜使用耳塞。

（8）佩戴者如需同时使用防护手套、防护眼镜、安全帽等防护装备时，宜选择便于佩戴和摘取、不与其他防护装备相互干扰的护听器。

（9）选择护听器时要注意卫生问题。如无法保证佩戴时手部清洁，应使用耳罩等不易将手部脏物带入耳道的护听器。

（10）耳道疾病患者不宜使用插入或半插入式耳塞类护听器。

三、护耳罩（护听器）的使用和维护

1. 使用方法及规范

使用者在使用耳塞、耳罩前应认真阅读产品使用说明书，并按照产品使用说明正确佩戴。

1）耳　　塞

（1）佩戴泡棉耳塞之前，应先清洗双手。

（2）佩戴前对耳道进行清理，减少分泌物残留。

（3）左耳佩戴耳塞时，一边用左手将耳塞压扁、揉细，一边用右手从头的后方向上、向外拉左耳耳郭，尽量把耳道拉直，同时用左手将耳塞塞入耳道，耳塞膨胀后在耳道内成型堵住耳道（见图 1.80）。

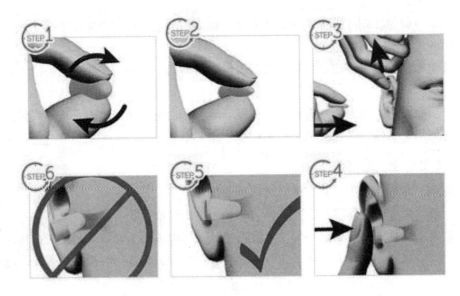

图 1.80　耳塞使用示意图

（4）用同样的方法佩戴右耳耳塞。

（5）佩戴预成型（硅胶）耳塞也必须用手拉开耳道，插入耳塞前不需要揉搓，直接将耳塞插入耳道。

（6）佩戴好耳塞后，应做耳塞佩戴气密性检查：进入噪声作业环境，双手手掌盖住双耳，听外面的声音，然后将双手拿开，如果前后听到的声响没有明显区别，说明密合良好。如果声响差别较大，说明耳塞没有与耳道很好的密合，需要重新佩戴。

（7）拔出耳塞时为了避免耳鼓受挤，应慢慢地将耳塞旋出而不是强拉出来。

（8）及时对耳塞进行更换或清洗。

2）耳　罩

（1）使用耳罩前，应先检查罩壳有无裂纹和漏气现象，佩戴时应注意罩壳的方向，顺着耳郭的形状戴好。

（2）佩戴方法：将耳罩头箍拉伸到最大"打开"位置并跨过头部上方，将罩杯罩住双耳。放松头箍回位，调整罩杯的高度直到头箍能够支持罩杯，并且双耳感到舒适为止。耳罩的软垫应紧密贴合头部。调整头箍以保证正确箍紧，有效地隔绝噪声（见图1.81）。

图1.81　耳罩使用示意图

（3）不同的耳罩，佩戴和调整的方法略有不同，应详细阅读产品说明书，需要注意的是应尽量调节耳罩杯在头带、颈带上的位置，使两耳位于罩杯中心，并完全覆盖耳郭。头带应垂直安放在头顶位置。另外，头发、胡须、耳饰等都可能影响耳罩的密封，应尽量将头发移到合适的位置，如耳饰影响密封，应摘下耳饰，以保证耳罩垫圈的密封。

2. 维护和保养

耳塞、耳罩的使用寿命是有限的，需要更换和维护，不同产品的维护、保养和更换要求各不相同，使用者应认真阅读产品使用说明书，按要求正确地维护和更换。

1）耳塞的维护和更换

（1）不能水洗的耳塞，脏污、破损时应废弃，更换新的耳塞。

（2）能水洗、可重复使用的耳塞，破损或变形时应更换。

（3）耳塞清洗后，应放置在通风处自然晾干，不可暴晒。

2）耳罩的维护和更换

（1）耳罩垫圈可用布蘸肥皂水擦拭干净，不能将整个耳罩浸泡到水中，尽可能不要接触化学物质。

（2）耳罩垫圈长期使用后会老化或破损，应根据制造商的建议适时更换配件。

（3）耳罩头带变松后，将不能很好密合，需更换新耳罩。

3. 注意事项

（1）无论戴用耳罩还是耳塞，均应在进入有噪声车间前戴好，在噪声区不得随意摘下，以免伤害耳膜。如确需摘下，应在休息时或离开后，到安静处取出耳塞或摘下耳罩。

（2）耳塞或耳罩软垫用后需用肥皂、清水清洗干净，晾干后再收藏备用。橡胶制品应防热变形，同时撒上滑石粉储存。

第二章　压力安全防护器材

第一节　安全阀

安全阀是启闭件受外力作用下处于常闭状态，当设备或管道内的介质压力升高超过规定值时，通过向系统外排放介质来防止管道或设备内介质压力超过规定数值的特殊阀门。安全阀属于自动阀类，主要用于锅炉、压力容器和管道上，控制压力不超过规定值，对人身安全和设备运行起重要保护作用。安全阀必须经过压力试验合格才能使用。

一、安全阀概述

安全阀在系统中起安全保护作用。当系统压力超过规定值时，安全阀打开，将系统中的一部分气体/流体排入大气/管道外，降低系统压力，使系统压力在安全值范围内，从而保证系统不因压力过高而发生超压引发事故。

对安全阀的基本要求：

（1）必要的密封性。对于安全阀特别是金属密封面的安全阀，要达到完全无泄漏是十分困难的。但必须把泄漏率控制在标准或规范允许的范围内。

（2）可靠地开启。当进口压力达到预先设定的压力值时，安全阀应及时准确地开启。

（3）稳定地排放。排放应是稳定的，即没有频跳、颤振、卡阻等现象。因为这些现象会导致安全阀排放能力降低，并可能损坏密封面，还会引起被保护设备和系统内较大的压力波动，在液体介质的场合甚至可能造成水击。

（4）适时地关闭。由于安全阀的排放而使设备和系统中的压力降低之后，安全阀应适时地关闭（亦称回座）。

（5）关闭后的密封。安全阀关闭后，应能有效地阻止介质继续流出，并重新达到密封状态。

二、安全阀分类

（1）按作用在阀瓣上的载荷形式分杠杆重锤式和弹簧式。

（2）按作用原理分直接作用式和间接作用式。

（3）按启闭件的开度分微启式（主要用于液体介质）和全启式（主要用于蒸汽或气体介质）。

　　弹簧式是指阀瓣与阀座的密封靠弹簧的作用力（见图2.1）。杠杆式是靠杠杆和重锤的作用力（见图2.2）。随着大容量的需要，又有一种脉冲式安全阀，也称为先导式安全阀，由主安全阀和辅助阀组成（见图2.3）。当管道内介质压力超过规定压力值时，辅助阀先开启，介质沿着导管进入主安全阀，并将主安全阀打开，使增高的介质压力降低。

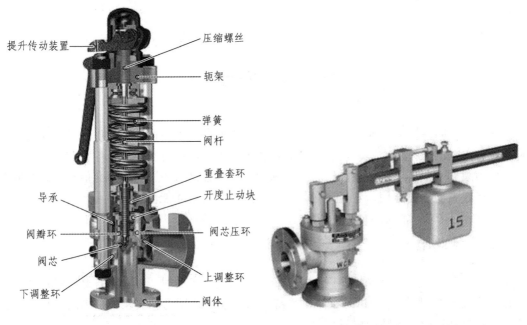

图 2.1　弹簧式安全阀结构示意图　　　　图 2.2　杠杆重锤式安全阀结构示意图

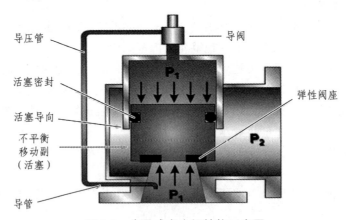

图 2.3　先导式安全阀结构示意图

　　安全阀的排放量取决于阀座的口径与阀瓣的开启高度，也可分为两种：微启式开启高度是阀座内径的 1/40 ~ 1/20，全启式是 1/4 ~ 1/3。

　　此外，随着使用要求的不同，有封闭式和不封闭式。封闭式即排出的介质不外泄，全部沿着规定的出口排出，一般用于有毒和有腐蚀性的介质。不封闭式一般用于无毒或无腐蚀性的介质。

三、安全阀安装、常见故障及消除方法

1. 安装安全阀注意事项

（1）容器内有气、液两相物料时安全阀应装在气相部分。

（2）安全阀用于泄放可燃液体时，安全阀的出口应与事故贮罐相连。当泄放的物料是高温可燃物时，其接收容器应有相应的防护设施。

（3）一般安全阀可就地放空，放空口应高出操作人员 1 m 以上且不应朝向 15 m 以内的明火地点、散发火花地点及高温设备。室内设备、容器的安全阀放空口应引出房顶，并高出房顶 2 m 以上。

（4）当安全阀入口有隔断阀时，隔断阀应处于常开状态，并要加以铅封，以免出错。

2. 安全阀常见故障及消除方法

（1）排放后阀瓣不回座，主要是弹簧弯曲阀杆、阀瓣安装位置不正或被卡住造成的。应重新装配。

（2）泄漏。在设备正常工作压力下，阀瓣与阀座密封面之间发生超过允许程度的渗漏。其原因有：阀瓣与阀座密封面之间有脏物，可使用提升扳手将阀开启几次，把脏物冲去。密封面损伤，应根据损伤程度，采用研磨或车削后研磨的方法加以修复。阀杆弯曲、倾斜或杠杆与支点偏斜，使阀芯与阀瓣错位，应重新装配或更换。弹簧弹性降低或失去弹性，应采取更换弹簧、重新调整开启压力等措施。

（3）到规定压力时不开启。造成这种情况的原因是定压不准。应重新调整弹簧的压缩量或重锤的位置。阀瓣与阀座粘住，应定期对安全阀做手动放气或放水试验。杠杆式安全阀的杠杆被卡住或重锤被移动，应重新调整重锤位置并使杠杆运动自如。

（4）排气后压力继续上升。这主要是因为选用的安全阀排量小于设备的安全泄放量，应重新选用合适的安全阀。阀杆中线不正或弹簧生锈，使阀瓣不能开到应有的高度，应重新装配阀杆或更换弹簧。排气管截面不够，应采取符合安全排放面积的排气管。

（5）阀瓣频跳或振动。主要是由于弹簧刚度太大，应改用刚度适当的弹簧。调节圈调整不当，使回座压力过高，应重新调整调节圈位置。排放管道阻力过大，造成过大的排放背压，应减小排放管道阻力。

（6）不到规定压力开启。主要是定压不准。弹簧老化弹力下降，应适当旋紧调整螺杆或更换弹簧。

四、日常维护及保养

1. 日常维护

（1）清理干净安全阀外部的水垢和铁锈。

（2）检查安全阀，应无泄漏。

（3）检查阀壳，应无裂纹、砂眼等缺陷。

（4）检查铅封，应完好无损坏。

（5）检修排气连管、疏水管，应畅通。

2. 弹簧式安全阀使用及维护保养

1）弹簧式安全阀的清洗操作

（1）关闭安全阀上游阀门。

（2）打开安全阀（或其他放空处），使安全阀上流管段泄压放空。

（3）卸开阀顶护罩，松开固定螺母，然后松开调节螺丝，以卸去对弹簧的压力。

（4）卸开阀盖，对其各部装置进行清洗。

（5）清洗时检查阀芯与阀座的光滑、洁净，以确保密封性能。

（6）清洗检查后，装好各部件，装上阀盖。

2）弹簧式安全阀的重新调试操作

（1）安全阀的调试必须由有资质的单位执行。

（2）关闭放空阀或其他放空处。

（3）缓开安全阀上流阀门。

（4）旋转调节螺丝以压紧（或松开）弹簧，使阀瓣恰好在要求的放散压力时打开，放散压力设定在额定压力的 1.05～1.15 倍。

（5）设定好后，使安全阀放散 3 次，检查其放散压力和阀座密封情况，要求安全阀动作灵敏、准确。

（6）调试完后，固定好锁紧螺母，套上护罩。

3）操作注意事项

（1）安全阀清洗完后，必须重新调试。

（2）应选用轻油类溶剂清洗安全阀。

（3）调试完后初运行阶段，应仔细观察安全阀的运行情况。

（4）定期检查运行中的安全阀是否出现泄漏、卡阻及弹簧锈蚀等不正常现象，并注意观察调节螺套及调节圈紧定螺钉的锁紧螺母是否有松动，若发现问题应及时采取适当措施。

（5）安装在室外的安全阀要采取适当的防护措施，以防止雨雾、尘埃、锈污等脏物侵入安全阀及排放管道，当环境低于摄氏零度时，还应采取必要的防冻措施以保证安全阀动作的可靠性。

（6）对安全阀进行操作时除遵守本规程外，还应遵守《压力容器安全技术监察规程》和《安全阀安全技术监察规程》（TSG ZF001—2004）的相关规定。

3. 先导式安全阀使用及维护保养

1）先导式安全阀的重新调试操作

（1）关闭安全阀上游的切断阀门。

（2）拆下导阀下端过滤器与主阀连接处的管道。

（3）在导阀进口处接上空气或氮气气源。

（4）旋转导阀调节螺丝以压紧（或松开）弹簧，使导阀开启压力达到设定压力。

（5）连接好导阀与主阀之间的管道。

（6）打开安全阀前的切断阀门。

（7）用新鲜肥皂水检查各连接部位有无漏气。

（8）控制安全阀前压力，使安全阀启跳、排放和回座，反复测试几次，观察并记录开启压力，排放压力和回座压力值，每次排放压力和回座压力与整定压力（开启压力）之差应在规定的精度范围内。

（9）总调试完毕后，固定好锁紧螺母。

2）操作注意事项

（1）发现安全阀动作不灵敏，起跳压力和回座压力与设定值偏离较多时，应进行检查维修。

（2）应定期将安全阀拆下进行全面清洗，检查并重新定压后方可重新使用。

（3）其他内容同弹簧式安全阀的操作注意事项。

3）常见故障及排除方法

常见故障及排除方法见表2.1。

表2.1　常见故障及排除方法

故障现象	产生原因	解除方法
关闭不严、漏气	主阀或导阀软密封件损坏	更换软密封件
调节、设定不灵	有污物堵塞、整定弹簧不对	清洗导阀及主阀，更换整定弹簧
安全阀不动作	1. 零件损坏、如导阀上阀口或节流孔等 2. 受脏物、铁屑等卡住 3. 安全阀的参数不对，如压力范围与使用范围不一致	更换损坏零件 清洗 更换导阀或导阀整定弹簧

4. 重锤杠杆式安全阀使用注意

重锤杠杆式安全阀是利用重锤和杠杆来平衡作用在阀瓣上的力。根据杠杆原理，它可以使用质量较小的重锤通过杠杆的增大作用获得较大的作用力，并通过移动重锤的位置（或变换重锤的质量）来调整安全阀的开启压力。

重锤杠杆式安全阀结构简单，调整容易而又比较准确，所加的载荷不会因阀瓣的升高而有较大的增加，适用于温度较高的场合，过去用得比较普遍，特别是用在锅炉和温度较高的压力容器上。但重锤杠杆式安全阀结构比较笨重，加载机构容易振动，并常因振动而产生泄漏。其回座压力较低，开启后不易关闭及保持严密。

第二节　爆破片

爆破片安全装置是由爆破片（或爆破片组件）和夹持器（或支承圈）等零部件组成的压力泄放装置。在设定的爆破压力下，爆破片两侧压力差达到预设定值时，爆破片即刻动作（破裂或脱落），并泄放流体介质。

爆破片安全装置具有结构简单、灵敏、准确、无泄漏、泄放能力强等优点。能够在黏稠、高温、低温、腐蚀的环境下可靠地工作，是超高压容器的理想安全装置。爆破片是防止压力设备发生超压破坏的重要安全装置，广泛应用于化工、石油、轻工、冶金、核电、除尘、消防、航空等工业部门（见图 2.4）。

图 2.4　各类爆破片图示

一、爆破片概述

爆破片装置是不能重复闭合的泄压装置，由入口处的静压力启动，通过受压膜片的破裂来泄放压力。简单地说就是一次性的泄压装置，爆破片两侧压力差达到预定值时，爆破片即可动作（破裂或脱落），并泄放出流体。

爆破片的适用场所

（1）压力容器或管道内的工作介质具有黏性或易于结晶、聚合，容易将安全阀阀瓣和底座黏住或堵塞安全阀的场所。

（2）压力容器内的物料化学反应可能使容器内压力瞬间急剧上升，安全阀不能及时打开泄压的场所。

（3）压力容器或管道内的工作介质为剧毒气体或昂贵气体，用安全阀可能会存在泄漏导致环境污染和浪费的场所。

（4）压力容器和压力管道要求全部泄放或全部泄放时毫无阻碍的场所。

（5）其他不适用于安全阀而适用于爆破片的场所。

二、爆破片的分类、代号

1. 按照型式来分

（1）正拱型：系统压力作用于爆破片的凹面（见图 2.5）。

图 2.5　正拱型爆破片

（2）反拱型：系统压力作用于爆破片的凸面（见图2.6）。

图2.6　反拱型爆破片

（3）平面型：系统压力作用于爆破片的平面（见图2.7）。

图2.7　平面型爆破片

2. 按照材料来分

（1）金属：不锈钢，纯镍，哈氏合金，蒙乃尔，因科镍，钛，钽，锆等。

（2）非金属：石墨，氟塑料，有机玻璃。

（3）金属复合非金属。

3. 常见爆破片代号

1）正拱型爆破片

受力特点为凹面受压，拉伸破坏，可单层、可多层，代号用L开头。

正拱型爆破片分类：

正拱普通型爆破片，代号：LP。

正拱带槽型爆破片，代号：LG。

正拱开缝型爆破片，代号：LF。

2）反拱型爆破片

受力特点为凸面受压，失稳破坏，可单层、可多层，代号用"Y"开头。

反拱型爆破片分类：

反拱带刀型爆破片，代号：YD。

反拱鳄齿型爆破片，代号：YYE。

反拱十字槽型（焊接）爆破片，代号：YC（YCH）。

反拱环槽型爆破片，代号：YHC（YHCYY）。

3）平面型爆破片

受力特点为受力后逐渐变形起拱，达到额定压力拉伸破坏，可单层、可多层，代号用"P"开头。

平面型爆破片分类：

平面带槽型爆破片，代号：PC。

平面开缝型爆破片，代号，PF。

4）石墨爆破片

爆破片受力特点为受剪切作用破坏，代号：PM。

4. 爆破片使用特点

1）正拱普通爆破片（LP）的特点

爆破压力由材料厚度和泄放口径确定，受膜片厚度和口径限制，一般适用压力较高的场合。

最大承受工作压力不能超过最小爆破压力的 0.7 倍。

爆破时产生碎片，不能用于易燃易爆或不允许有碎片场合（如与安全阀串联），耐疲劳一般。

周边夹紧力不足，易导致周边松动脱落，造成爆破压力降低，一般轻微损伤不会明显影响爆破压力。

适用于气体和液体介质。

2）正拱带槽型爆破片（LC）的特点

爆破压力主要由槽深确定，制造比较困难（见图 2.8）。

爆破片最大承受工作压力不能超过最小爆破压力的 0.8 倍。

爆破沿减弱槽裂开，不产生碎片，对使用场合没有要求，耐疲劳较好。

周边夹紧力不足，易导致周边松动脱落，造成爆破压力降低，出现碎片。轻微损伤只要不发生在槽处，爆破压力不会明显变化。

适用于气体和液体介质。

3）正拱开缝型爆破片（LF）的特点

爆破压力主要由孔间距确定，制造方便，一般用于低压力场合（见图 2.9）。

确定最大承受工作压力不能超过最小爆破压力的 0.8 倍。

爆破时可能产生很小碎片，但通过合理结构设计，可以做到无碎片产生，耐疲劳一般。

周边夹紧力不足，易导致周边松动脱落，造成爆破压力降低。

一般用于气相。

图 2.8　正拱带槽型爆破片　　　　图 2.9　正拱开缝型爆破片

4）反拱带刀（YD）及反拱鳄齿型（YF）爆破片的特点

爆破压力主要由环片厚度和拱形高度决定，YF 型一般常用于压力较低的情况。

最大承受工作压力不超过最小爆破压力的 0.9 倍。

爆破时膜片翻转撞击到刀刃或其他锋利结构上面致破，不产生碎片，耐疲劳非常好，带刀夹持器每次爆破后必须对刀进行修复。

夹紧力不足或爆破片拱面损伤，会导致爆破压力明显降低，严重的会造成泄放口无法打开，安装时应特别小心。

只适用于气相。

5）反拱十字槽型（YC）及反拱十字槽焊接型（YCH）爆破片的特点

最大工作压力不能超过最小爆破压力的 0.9 倍。

爆破沿减弱槽破裂为 4 瓣，无碎片，耐疲劳性非常好。

夹紧力不足或爆破片拱面损伤，会导致爆破压力明显降低，严重的会造成泄放口无法打开，安装时应特别小心。

只适用于气相。

6）反拱环槽型爆破片（YHC\YHCY）的特点

最大工作压力不能超过最小爆破压力的 0.9 倍。

爆破沿减弱槽破裂，无碎片，耐疲劳性好。

夹紧力不足或爆破片拱面损伤，会导致爆破压力明显降低，严重的会导致泄放口无法打开，安装时应特别小心。

适用于气相、液相。

7）平面带槽型爆破片（PC）的特点

爆破压力主要是由槽深确定，制造较困难，对低压小口径制造尤其困难。

最大工作压力一般不超过最小爆破压力的 0.6 倍。

爆破沿减弱槽裂开，不产生碎片，对使用场合没有要求，耐疲劳较差。

周边夹紧力不足，易导致周边松动脱落，造成爆破压力降低，出现碎片，轻微损伤只要不发生在槽处，爆破压力不会明显变化。

适用于气体和液体介质。

8）平面开缝型爆破片（PF）的特点

一般最大工作压力不能超过最小爆破压力的 0.5 倍。

爆破时可能产生很小的碎片，但通过合理结构设计，可以做到无碎片产生，耐疲劳较差。

周边夹紧力不足，易导致周边松动脱落，造成爆破压力降低。轻微损伤只要不发生在止孔间桥处，爆破压力不会发生明显变化。

一般用于气相。

9）石墨爆破片的特点

最大工作压力不能超过最小爆破压力的 0.8 倍。

爆破有碎片，耐疲劳性较差。

具有良好耐腐蚀性，但不能用于强氧化性酸。

适用于气相、液相（见图 2.10）。

图 2.10　石墨爆破片

三、爆破片装置的使用、安装

1. 组装过程

（1）应小心搬运爆破片，且搬动时只能接触其边缘部分。爆破片拱形区域或密封面的损坏都可能对其性能产生影响，安装爆破片前请仔细阅读标牌及说明书上的内容，以确保其适用于该系统。

（2）检查爆破片和夹持器是否损坏，观察其密封面是否有凹痕、划伤或弯折，拱形区域是否有凹坑，若有损伤则不能安装使用。

（3）把下夹持器放在平面上，若是销钉定位，如图 2.11 所示，则使销钉朝上。

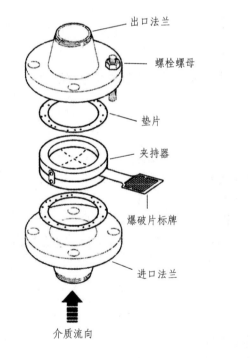

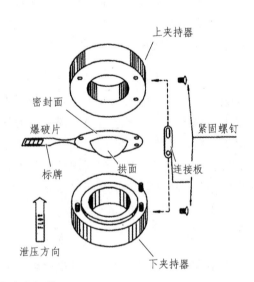

图 2.11　爆破片组装

（4）把爆破片放在下夹持器上，拱面朝下，标牌上写有"泄放侧"的一面朝上，并使销钉插入爆破片的销钉孔内。把上夹持器放在爆破片上并与下夹持器配合，标牌上的箭头朝上，使上、下夹持器侧面的螺孔对齐。

（5）用连接板把上、下夹持器连接好。

2. 安　装

爆破片装置的安装过程如图 2.11 所示。

（1）在装置上、下表面应放置密封垫，不要使用易老化或易变形的垫片。尤其不允许使用橡胶等软密封垫，或在工作温度下能软化变形的密封垫。

（2）入口法兰之间，使夹持器标牌上的箭头指向泄放侧，同时，爆破片标牌上写有"泄放侧"的一侧朝向出口侧。

（3）在上、下法兰之间小心移动爆破片装置，如果爆破片的拱高超过上夹持器，安装时要格外小心。特别检查爆破片的方向，标牌上标有泄压方向的一侧必须在爆破片装置中介质流动的下游。

注意事项：

① 组装及安装爆破片时，要确保爆破片不受任何损伤。一旦损伤（如拱面出现凹坑），切不可修复后重新使用，否则会影响爆破片的爆破压力，且会导致爆破片泄漏或提前爆破。

② 对反拱带刀型爆破片装置，组装前必须仔细检查刀刃，若有伤痕需修复后方可安装。

③ 不允许在爆破片与夹持器之间另外装入垫片或其他密封件。

④ 更换爆破片之前，必须仔细清理夹持器的密封面，若密封面或夹持器内孔与密封面间的过渡圆角有凹坑、锈蚀等缺陷，应更换夹持器，请不要自行进行机加工修理，否则会影响爆破片的爆破压力。

⑤ 安装时，一定要注意泄压方向，切忌装反。

⑥ 使用过程中注意反拱型爆破片的凹面不得积存液体、粉尘等杂物。

3. 使用年限

爆破片装置的正常使用年限为 2～3 年，若条件比较苛刻（指介质腐蚀性强、工作压力波动较大或频次多）时使用年限为 6 个月至 1 年。从设备或管道上拆下的爆破片，不要重新安装使用。

四、爆破片维护

爆破片必须安装在与之配套的夹持器内。应经常检查爆破片装置是否有积水、尘埃、冰块等异物的堆积，若有则应设法立即清除，否则会影响其正常动作。

第三节　呼吸阀

一、呼吸阀概述

根据国家标准《石油化工企业设计防火规范》（GB 50160）规定，"甲、乙类液体的固定顶罐，应用阻火器和呼吸阀"。可见呼吸阀、阻火器是储罐不可缺少的安全设施。呼吸阀不仅能维持储罐气压平衡,确保储罐在超压或真空时免遭破坏,且能减少罐内介质的挥发和损耗,满足储罐呼吸的通气要求(见图 2.12、图 2.13)。

图 2.12　呼吸阀

图 2.13　带接管呼吸阀

二、呼吸阀的结构及工作原理

呼吸阀是保护储罐安全的重要附件,安装于罐顶,用于自动控制储罐内外气体通道的启闭,维持储罐的压力平衡,对储罐的超压或超真空起保护作用,又可以在一定范围内降低储罐内介质的蒸发损失。

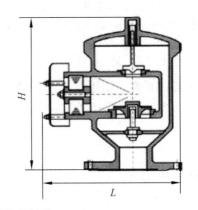

图 2.14　呼吸阀的结构

呼吸阀是利用阀盘(有时阀盘上加重块)的重量,来控制罐内的呼气压力和吸入的真空度。当罐内气体的压力超过油罐的允许压力值时,压力阀即被顶开,混合气从罐内逸出(呼出),使罐内的压力不再增高。当罐内气体的真空度超过储罐的允许真空度时,真空阀即被顶开,吸入空气(吸入)维持储罐压力平衡。压力在一定范围内,储罐不呼吸,所以呼吸阀在一定程度上减少了介质的蒸发损耗。呼吸阀控制的压力和真空度的数值应根据储罐结构本身的允许值来决定。选择呼吸阀型号时,要根据介质收发作业时的最大排量来确定。呼吸阀的直径大于 250 mm 时,可选用两个不超过 250 mm 的呼吸阀。当罐内气压力大于储罐允许压力时,介质蒸汽经压力阀外逸,此时真空阀处于关闭状态。当罐内气压力小于储罐允许真空度时,新鲜空气通过真空阀进入罐内,此时压力阀处于关闭状态,允许压力(或真空压力)靠调节盘的重量来控制。

三、呼吸阀的故障

呼吸阀常见故障主要有：漏气、卡死、黏结、堵塞、冻结以及压力阀和真空阀常开等。

（1）漏气：一般是由于锈蚀、硬物划伤阀与阀盘的接触面、阀盘或阀座变形及阀盘导杆倾斜等原因造成。

（2）卡死：多发生在由于呼吸阀安装不正确或油罐变形导致阀盘导杆歪斜以及阀杆锈蚀的情况下，阀座在沿导杆上下活动中不能到位，将阀盘卡于导杆某一部位。

（3）黏结：是因为有蒸汽、水分与沉积于阀盘、阀座、导杆上的尘土等杂物混合发生化学物理变化，久而久之使阀盘与阀座或导杆黏结在一起。

（4）堵塞：主要是由于机械呼吸阀长期未保养使用，致使尘土、锈渣等杂物沉积于呼吸阀及呼吸管内，以及蜂或鸟在呼吸阀口筑巢等原因，使呼吸阀堵塞。

（5）冻结：是因为气温变化，空气中的水分在呼吸阀的阀体、阀盘、阀座和导杆等部位凝结，进而结冰，使阀难以开启。

以上这些故障，有的使呼吸阀达到控制压力时不能动作的情况，造成油罐超压，危及油罐安全。有的则使呼吸阀失去作用，造成呼吸失控，从而增加进料的蒸发损耗，使介质质量下降，加重区域大气污染，影响操作人员的身体健康，增加区域危险。

四、呼吸阀的保养与维护

（1）先将阀盖轻轻打开，把真空阀盘和压力阀盘取出，检查阀盘与阀盘密封处、阀盘导杆与导杆套有无油污和脏物，如出现油污和脏物应清除干净，然后装回原位，上下拉动几下，检查开启是否灵活可靠。如果一切正常，再将阀盖盖好紧固。

（2）阀盘的密封性对呼吸阀来说也是非常重要的，检查压盖衬垫是否严密，一旦发现密封性有损坏迹象，要及时换新。检查过程也要注意不能产生新的破坏。注意给螺栓加油。

（3）每次拆卸都要有相应记录，防止关键零件的遗失和损坏。

（4）保养周期：一、四季度每月检查两次（防冻结）。二、三季度每月检查一次。

（5）在维护与保养中，如发现阀盘有磨损等异常现象，应立即更换。

第四节　阻火器

一、阻火器概述

阻火器又名防火器，是用来阻止易燃气体和易燃液体蒸汽的火焰蔓延的安全装置（见图 2.15）。阻火器是应用火焰通过热导体的狭小空隙时，由于热量损失而熄灭的原理设计制造的。阻火器由阻火芯、阻火器外壳及附件构成。阻火器的阻火层结构有砾石型、金属丝网型或波纹型，使用于可燃气体管道，如汽油、煤油、轻柴油、苯、甲苯、原油等油品的储罐或火炬系统等。可与呼吸阀配套使用，亦可单独使用。在管道中一般按照工况，水平或者垂直安装。

阻火器也常用在输送易燃气体的管道上。假若易燃气体被引燃，气体火焰就会传播到整个管网。为了防止这种危险的发生，也要采用阻火器。阻火器也可以使用在有明火设备的管线上，以防止回火事故。但它不能阻止敞口燃烧的易燃气体和液体的明火燃烧。

图 2.15　阻火器

二、阻火器工作原理

大多数阻火器是由能够通过气体的许多细小、均匀或不均匀的通道或孔隙的固体材质所组成，对这些通道或孔隙要求尽量地小，这样火焰进入阻火器后就分成许多细小的火焰流而被熄灭。火焰能够被熄灭的机理是传热作用和器壁效应。

1. 传热作用

阻火器是由许多细小通道或孔隙组成的，当火焰进入这些细小通道后就形成许多细小的火焰流。由于通道或孔隙的传热面积很大，火焰通过通道壁进行热交换后，温度下降，到一定程度时火焰即被熄灭。实验表明，当把阻火器材料的导热性提高 460 倍时，其熄灭直径仅改变 2.6%。这说明材质问题是次要的。即传热作用是熄灭火焰的一种原因，但不是主要的原因。因此，对于作为阻爆用的阻火器来说，其材质的选择不是太重要，但是在选用材质时应考虑其机械强度和耐腐蚀等性能。

2. 器壁效应

易燃混合气体自行燃烧（在开始燃烧后，没有外界能源的作用）的条件是：新产生的自由基数等于或大于消失的自由基数。当然，自行燃烧与反应系统的条件有关，如温度、压力、气体浓度、容器的大小和材质等。随着阻火器通道尺寸的减小，自由基与反应分子之间碰撞概率随之减小，而自由基与通道壁的碰撞概率反而增加，这样就促使自由基反应减低。由此可知，器壁效应是阻火器阻火作用的主要机理。

三、阻火器安装说明

（1）阻火器应安装在接近点火源的部位。放空阻火器应尽量靠近管道末端设置，同时要考虑检修方便。

（2）检查阀座表面的配套法兰垫片，必须是清洁、平整、无划痕、耐腐蚀的。

（3）检查垫片，确保材料是适合于应用的。

（4）用适当的螺纹润滑剂润滑所有螺柱和螺母。

（5）设置阻火器壳体法兰与管线法兰对接，小直径的管道采用螺纹连接。要注意阻火元件的提升手柄与顶螺母位置，方便未来摘除阻火器的元件（见图2.16）。

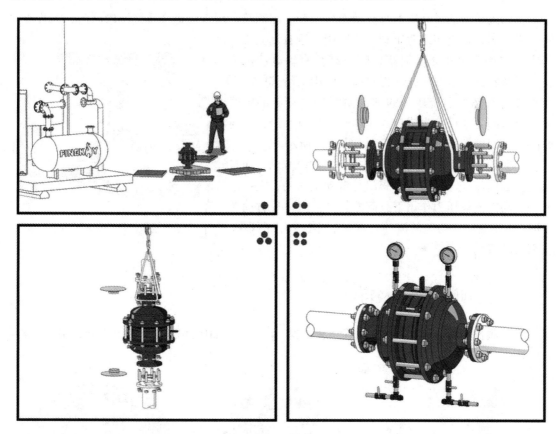

图2.16　典型管道阻火器（水平/垂直）安装图

四、阻火器维修与保养

（1）为了确保阻火器的性能达到使用目的，在安装阻火器前，必须认真阅读厂家提供的说明书，并仔细核对标牌与所装管线要求是否一致。

（2）每隔半年应检查一次。检查阻火层是否有堵塞、变形或腐蚀等缺陷。

（3）被堵塞的阻火层应清洗干净，保证每个孔眼畅通，对于变形或腐蚀的阻火层应更换。

（4）清洗阻火器芯件时，应采用高压蒸汽、非腐蚀性溶剂或压缩空气吹扫，不得采用锋利的硬件刷洗。

（5）重新安装阻火层时，应更新垫片并确认密封面已清洁和无损伤，不得漏气。

第五节　止回阀

一、止回阀概述

止回阀是指依靠介质本身流动而自动开、闭阀瓣，用来防止介质倒流的阀门，又称单向阀、逆止阀、逆流阀或背压阀。止回阀属于自动阀类，其主要作用是防止介质倒流、防止泵及驱动电动机反转，以及容器介质的泄放。止回阀还可用于给其中的压力可能升至超过系统压力的辅助系统提供补给的管路上。止回阀主要可分为旋启式止回阀（依重心旋转）与升降式止回阀（沿轴线移动），如图 2.17 所示。

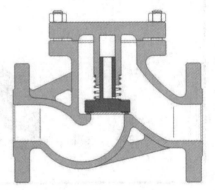

图 2.17　升降式止回阀内部结构图

止回阀的作用是只允许介质向一个方向流动，而且阻止反方向流动。通常这种阀门是自动工作的，在一个方向流动的流体压力作用下，阀瓣打开。流体反方向流动时，由于流体压力和阀瓣的自重，合阀瓣作用于阀座，从而切断流动。

二、止回阀的分类及特点

止回阀按结构划分，可分为升降式止回阀、旋启式止回阀和蝶式止回阀 3 种，如图 2.18 ~ 2.20 所示。

图 2.18　升降式止回阀

图 2.19　旋启式止回阀

图 2.20　蝶式止回阀

升降式止回阀可分为立式和卧式两种。升降式止回阀的阀瓣沿着阀体垂直中心线上下移动，这种阀只能安装在水平管路上。当水泵工作时，水流在推动活动阀瓣向上移动后从固定阀瓣的中间穿过，而当水泵停止工作时，活动阀瓣在重力的作用下便会向下移动，并在水的压力下使橡胶密封片与凸边紧密接触，从而实现阀门的关闭功能，防止水回流。

旋启式止回阀分为单瓣式、双瓣式和多瓣式 3 种。旋启式止回阀的阀瓣呈圆盘状，绕阀座通道的转轴做旋转运动，因阀内通道成流线型，适用于低流速场合，但不宜用于脉动流，其密封性能不及升降式。

蝶式止回阀为直通式，为阀瓣围绕阀座内的销轴旋转的止回阀。蝶式止回阀结构简单，只能安装在水平管道上，密封性较差。蝶式止回阀的结构类似于蝶阀。其结构简单、流阻较小，水锤压力亦较小。

以上几种止回阀在连接形式上可分为螺纹连接、法兰连接、焊接连接和对夹连接 4 种。

三、止回阀的安装、常见故障及处理方法

1. 止回阀安装

（1）在管线中不要使止回阀承受重量，大型的止回阀应独立支撑，使之不受管系产生的压力的影响。

（2）安装时注意介质流动的方向应与阀体所标箭头方向一致。

（3）升降式垂直瓣止回阀应安装在垂直管道上。

（4）升降式水平瓣止回阀应安装在水平管道上。

2. 止回阀的常见故障及处理方法

（1）阀瓣打碎原因：止回阀前后介质压力处于接近平衡而又互相"拉锯"的状态，阀瓣经常与阀座拍打，某些脆性材料（如铸铁、黄铜等）做成的阀瓣就被打碎。

（2）预防的办法是采用阀瓣为韧性材料的止回阀。

（3）介质倒流原因：一是密封面破坏，二是夹入杂质。解决方法是修复密封面和清洗杂质，就能防止倒流。

四、止回阀使用及维护

（1）根据阀门的用途选定阀门的基本结构。

（2）根据介质的压力、温度、腐蚀性、是否含颗粒杂物等选定阀门的材质。

（3）根据阀门的操作要求选定阀门的驱动装置。

（4）安装必须核对阀门上的标志、合格证是否符合使用要求。

（5）检查阀门的内腔和密封面，不允许有污物附着。

（6）检查连接螺栓是否均匀拧紧。

（7）检查填料是否压紧，应保证填料的密封性，但不妨碍阀杆的升降。

（8）阀门应根据使用要求进行安装，但须注意检修和操作时的方便。

（9）阀门在使用中要求将阀门全开或全闭，不允许将阀门部分开启用于调节。

（10）阀门使用时应经常在转动部分注油，在阀杆梯形螺纹部分涂油。

（11）手动阀门，在开启或关闭操作时，应使用手轮开、关，不得借助辅助杠杆或其他工具。

（12）阀门使用后应定期检查，检查密封面、阀杆等有无磨损以及垫片、填料是否有损坏。若损坏失效，应及时修理或更换。

第六节　压力表

一、压力表概述

压力是物理学上的压强，即单位面积上所承受压力的大小。以大气压力为基准，用于测量小于或大于大气压力的仪表，以及用于计量流体（气体、液体）压力的仪表都叫压力表（见图 2.21）。

图 2.21　各类压力表

二、压力表工作原理

压力表通过表内的敏感元件（波登管、膜盒、波纹管）的弹性形变，再由表内机芯的转换机构将压力形变传导至指针，引起指针转动来显示压力（见图 2.22）。

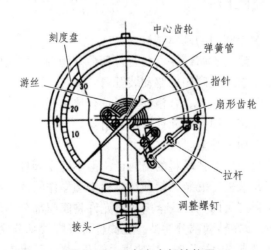

图 2.22　压力表内部结构图

三、压力表的使用、常见故障及排除方法

1. 压力表的使用

（1）仪表必须垂直：安装时应使用扳手旋紧，不应强扭表壳。运输时应避免碰撞。

（2）仪表使用宜在周围环境温度为 − 25 ~ 55 ℃。

（3）使用工作环境振动频率 < 25 Hz，振幅不大于 1 mm。使用中因环境温度过高，仪表指示值不回零位或出现示值超差，可将表壳上部密封橡胶塞剪开，使仪表内腔与大气相通即可。

（4）仪表使用范围，应在上限的 1/3 ~ 2/3。

（5）在测量腐蚀性介质、可能结晶的介质、黏度较大的介质时应加隔离装置。

（6）仪表应经常进行检定（至少每半年一次），如发现故障应及时修理。

2. 压力表常见故障现象及排除方法

（1）指针偏离零点，且示值的误差远超过允许误差值。

故障原因及措施：

① 弹簧管产生永久变形。这与负荷冲击过大有关，应取下指针重新安装，并调校。必要时更换弹簧管。

② 固定传动机构或传动件的紧固螺钉松动，应拧紧螺钉。

③ 在急剧脉动负荷的影响下，使指针在减压时与零位限止钉碰撞过剧，以致引起其指示端弯曲变形（无零位限止钉者，则因剧烈的振动或颤振所致），应整修或更新指针。

④ 机座上的孔道不通畅，有阻塞现象，应加以清洗或疏通。

（2）指针的指示端处于零位限止钉后。

故障原因及措施：

指针指示端与其表盘之间的距离过大，或因指针本身的刚性较差以致在振动或颤振的影响下从原来的位置上跳出。可将指针指示端适当地提起再安于限止钉之前，将其向下按撤，以适当地减少间距。

（3）在增减负荷过程中，当轻敲外壳后，指针摆动不止。

故障原因及措施：

① 游丝的起始力矩过小。适当地将游丝放松或盘紧，以增加起始力矩。

② 长期使用于不良的环境中，或因游丝本身的耐腐蚀不佳，以致由腐蚀的影响而引起弹性逐渐消退——力矩减少。更换游丝。

③ 周围有高频振源。安装减振器。

（4）指针运动不平稳，有抖动。

故障原因及措施：

① 扇形齿轮与小齿轮上的齿面积污。应去掉积污，用汽油或酒精清洗。

② 指针轴弯曲。应把轴校直，使指针与表盘平面间距合适。

③ 扇形齿轮倾斜。应矫正扇形齿轮平面。

④ 压力表安装位置有振源。应消除振源或加装减振器。

（5）指针的指示失灵，即在负荷作用下，指针不产生相应的回转。

故障原因及措施：

① 长期振动或颠振的影响使弹簧管的自由端上与拉杆相铰接的销钉或螺钉脱落。应将销钉或螺钉重新安装在连接位置上。

② 机座上的孔道被赃物严重堵塞。应加以清洗或疏通，必要时拆卸弹簧管进行清洗。

（6）指针不能恢复零位。

故障原因及措施：

① 指针本身不平衡。应做平衡校准致平衡。

② 游丝盘得不紧。应增大游丝转矩。

③ 中心轮轴上没有装游丝。应装上游丝。

④ 在未加压时指针就不在零位上。应调整零位超差。

四、压力表检修维护

（1）经过一段时间的使用与受压，压力表机芯难免会出现一些变形和磨损，压力表就会产生各种误差和故障。为了保证其原有的准确度而不使量值传递失真，应及时更换，以确保指示正确、安全可靠。

（2）压力表要定期进行清洗。因为压力表内部不清洁，就会增加各机件磨损，从而影响其正常工作，严重的会使压力表失灵、报废。

（3）在测压部位安装的压力表，它的检定周期一般不超过半年。如果工况条件恶劣，检定周期必须更短。

第七节　液位计

一、液位计概述

在容器中液体介质的高低叫作液位，测量液位的仪表叫液位计。液位计是物位仪表的一种。

液位计的类型有音叉振动式、磁浮式、压力式、超声波、声呐波、磁翻板、雷达等（见图 2.23 ~ 2.25）。

图 2.23　静压投入式液位计　　　　图 2.24　磁翻板液位计　　　　图 2.25　超声波液位计

二、电动浮球液位计

1. 电动浮球液位计概述

浮球液位计是以磁浮球为测量元件，通过磁耦合作用，使传感器内电阻成线性变化，由智能转换器将电阻变化转换成标准电流信号，并叠加信号输出或就地显示，可现场显示液位的百分比，远传供给控制室可实现液位的自动检测、控制和记录。

2. 电动浮球液位计原理

浮球液位计主要由磁浮球、传感器、变送器 3 部分组成（见图 2.26）。当磁浮球随液位变化、沿导管上下浮动时，浮球内的磁钢吸合传感器内相应位置上的簧管，使传感器的总电阻（或电压）发生变化，再由变送器将变化后的电阻（或电压）信号转换成电流信号输出，通过数显控制仪对液位进行远距离测量，并设定上、下限液位报警，实现对液位的控制，或由其他调节器构成液位恒值调节系统，实现对液位的连续调节。

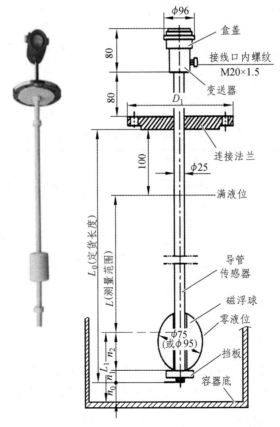

图 2.26 电动浮球液位计

3. 电动浮球液位计的使用

1）检 查

（1）仪表零部件应完好无损，传动机构动作灵活、润滑良好。

（2）铭牌及各种数据校验单等齐全准确。

（3）仪表使用条件，如工作压力、工作温度要满足仪表的要求。

2）安　装

（1）仪表安装位置正确，要考虑便于操作、观察、维护和维修，根据实际情况选择左侧或右侧安装，液位的正常位置应在仪表量程中间。

（2）仪表的浮球、杠杆、支点、平衡杆、中小轴和平衡锤应在同一个平面内，且转动自如。

（3）调整好四连杆机构的原始位置。

（4）检查各部位螺钉有否松动。

（5）检查接线是否正确。

3）校　验

（1）先根据实际测量介质的密度，调整平衡锤在平衡条上的位置。

（2）调整变送器零点。

（3）调整变送器量程电位器。

（4）锁紧限位螺丝。

4. 电动浮球液位计的检修与维护

电动浮球液位计的检修与维护见表 2.2。

表 2.2　电动浮球液位计的检修与维护

故障现象	故障原因	处理方法
液面变化，输出不灵敏	封闭圈过紧，浮球变形	调整密封部件，更换浮球
无液面，但指示为最大	浮球脱落，变形，破裂	重装浮球或更换浮球
指示误差大	连接部件松动，平衡锤位置不正确	调紧，调整平衡锤位置
液面变化，但无输出	变送器损坏，电源故障或信号线接触不良	更换变送器，处理电源或信号线故障

三、磁致伸缩液位计

1. 磁致伸缩液位计概述

磁致伸缩液位计（变送器）因具有测量精度高、安装调校方便、使用寿命长、输出信号多等特点，而广泛应用在石油、化工等工业领域过程控制液位（界面）的连续测量中。

2. 磁致伸缩液位计原理

磁致伸缩式液位计主要由不导磁的探测杆、磁致伸缩线（波导）、浮球及变送器等组成（见图 2.27）。安装在探测杆内的磁致伸缩线与电路模块相连，电路模块中的脉冲发生器所产生的电流脉冲沿着波导线传播，当浮球随液位上升或下降时，其内的磁钢随之同步变化。磁钢的固有磁场与导波线周围由起始脉冲所产生的磁场矢量叠加，并形成螺旋磁场，产生瞬时扭力，使波导线扭动并产生张力脉冲，这个脉冲以固定的速度沿波导线传回，由线圈转换器转换成感应电动势，并整形为窄脉冲，此脉冲经放大后，由信号处理电路计算出起始脉冲与终止脉冲的时间差，再经过变送器信号处理、放大后转换成与被测液位成正比的信号输出。

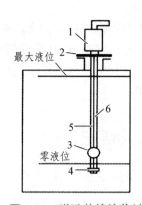

图 2.27　磁致伸缩液位计

1—变送器；2—法兰；3—浮球；4—挡环；
5—探测杆；6—波导线

主要技术指标（以 UPM100 型为例进行说明）：

（1）测量范围：0~22 m。

（2）工作压力：软管≤1.89 MPa，硬管≤6.5 MPa。

（3）工作温度：-40~125 °C。

（4）测量精度：0.5 mm。

（5）供电：24 V DC。

（6）输出信号：4~20 mA DC（其中智能式带 HART 信号）。

（7）介质密度（差）：液位≥0.45 g/cm³，界位≥0.15 g/cm³。

3. 磁致伸缩液位计的使用

1）检　查

（1）仪表铭牌各数据、校验单等要齐全。

（2）使用条件：如工作压力温度、介质密度要满足仪表要求。

（3）检查电源电压是否正常，接线无误，不松动。

（4）确认仪表接线盒盖及电缆引出端密封良好，防止仪表内积水。

（5）仪表零部件应完好无损。

（6）仪表安装位置正确，各紧固部件有无松动，密封件应无泄漏。

（7）有条件的应检查探测杆是否弯曲，浮子在探测杆上能否滑动自如。

2）校　验

（1）将变送器的正极与电源正极可靠连接，并用绝缘胶带包好。

（2）仪表安装完毕后就地校验，用手滑动浮子，使浮子处于探测杆上零点位置。

（3）然后再滑动浮子，使浮子处于探测杆满量程的位置上。

（4）按第（2）、（3）步骤反复调几次，直到输出信号满足精确度为止。

4. 磁致伸缩液位计的检修与维护

（1）仪表外壳设有接地端子，安装使用时应可靠接地。

（2）每年检查 1 次仪表的绝缘状况及外壳接地状况。

（3）每季度检查变送器内部有无腐蚀情况，各紧固件有无松脱。

（4）磁致伸缩液位变送器一般每年或一个装置运转周期检修一次。

（5）拆装检修前要切断电源。

（6）拆装检修防爆结合面时，不得有划痕碰伤，不可涂油漆，可涂少量润滑油和少量防锈油。

（7）检查探测杆有无变形或破损，并清除脏物。

（8）检查浮球有无变形或破损，并清除附着物。

（9）重新安装后要随工艺设备一同试压，并确认接线无误、电源电压正确，然后重新校对变送器。

四、超声波液位计

1. 超声波液位计概述

超声波液位计是由微处理器控制的液位数字仪表。在测量中超声波脉冲由传感器发出，声波经液体表面反射后被传感器接收，通过压电晶体或磁致伸缩器件转换成电信号，由声波的发送和接收之间的时间来计算传感器到被测液体表面的距离。超声波液位计采用非接触测量，对被测介质几乎不受限制，可广泛用于液体、固体物料高度的测量。现以 GLP 通用一体超声波液位计为例进行介绍（见图 2.28）。

图 2.28　GLP 型通用一体超声波液位计

2. 超声波液位计原理

超声波液位计可采用二线制、三线制或四线制技术，二线制为供电与信号输出共用。三线制为供电回路和信号输出回路相互独立，供电负端和信号输出负端共用。四线制为供电回路与信号输出回路完全隔离，使用 4 芯电缆，满足直流或交流供电，具有 4～20 mADC，高低位开关量输出等。GPL 型通用一体超声波液位计为两线制或三线制。

主要技术指标：

（1）量程：0～30 m。

（2）精度：±0.25%F.S，±0.5%F.S。

（3）环境温度：－20～60 ℃，自动温度补偿。

（4）工作电压：24 V DC\220 V AC。

（5）输出信号：4～20 mA。

3. 超声波液位计使用

（1）液位计应安装在无振动、无强电磁干扰的场合。

（2）安装应避开搅拌、内部复杂的区域或加装导波管。

（3）安装位置选择方便施工、维护的区域，宜垂直向下检测安装。

（4）露天安装应加防护罩。

（5）对于密封容器内的挥发液体的液位测量应注意两点：

① 容器内气体声速可能与空气中的声速不同，如液位计不能对声速进行修正，否则会出现较大误差。

② 挥发性的液体会在超声波液位计探头表面凝结，阻挡声波的收发，要求液位计具有可变功率控制功能。

五、雷达液位计

1. 雷达液位计概述

雷达液位计是一种高可靠的非接触式液位测量仪表，它解决了大多数标准插入式仪表检测元件易被介质污染和腐蚀的问题（见图 2.29、图 2.30）。雷达液位计从天线向被测物发射微波脉冲，在传播到物体表面时，由于被测物体介质与空气不同，微波在物体表面上产生反射，回波被天线接收，通过测量从发射信号到返回信号的时间差，从而测量距离和物位。

雷达波能穿透许多泡沫、烟雾或蒸汽介质而不易受环境的影响，能可靠地测量液位精确值。它常用于易燃、易爆、强腐蚀介质的液位测量，特别适用于大型立罐和球罐。雷达液位计一般分为工业测量级和计量级。

图 2.29　雷达液位计

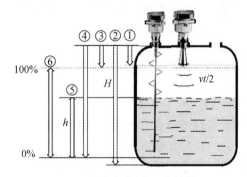

图 2.30　雷达液位计工作结构图

1—盲区范围；2—总量程（式中 H）；3—高位 20 mA 位置；
4—低位 4 mA 位置；5—界面的高度；6—测量范围

2. 雷达液位计原理

雷达液位计主要由雷达探测器（一次表）和雷达显示仪（二次表）组成。雷达探测器主要由主体、连接法兰和天线 3 部分组成。雷达探测器的主体中包括微波信号源、信号处理部分。雷达显示仪提供连接上位计算机的 RS-485 接口，可以传递液位参数及报警信号，亦可通过上位计算机对智能雷达显示仪进行控制。

　　以罗斯蒙特 APEX 雷达液位计为例进行说明。APEX 雷达液位计采用频率 24 GHz 和微处理器电子技术，天线小，其雷达波射角也很窄。较窄的雷达波射角减少了由于容器内部障碍所产生的回波，如搅拌器、热交换器、进料口、挡板、热电阻套管、伴热蒸汽管等障碍物。

　　主要技术指标（以 APEX 雷达液位计为例）：

　　测量介质：液体，悬浊液和浆液。

　　测量范围：0.5~17 m。

　　供电：4 线制操作，18~36 V DC（或 90~250 V AC. 50 Hz），功耗 9 W。

　　输出信号：4~20 mA DC（叠加了 HART 数字信号，可以接收 1 路 RTD 信号）。

　　工作温度：外壳温度范围。操作温度为：−40~70 °C。带一体化表头的操作温度为 −20~55 °C。

3. 雷达液位计使用

　　1）调试、校验

　　（1）可通过计算机、二次表或 HART 手操器进行调试。调试时应检查罐高、量程等参数设定是否正确。

　　（2）待测液体液位在零位时，调整仪表零位，使其输出信号为 4 mA。

　　（3）罐内充入待测液体，液面升高到满量程时，调整仪表量程，使其输出为 20 mA。

　　（4）改变液位高度，待液面稳定后，用钢尺测量液面高度，所得数值与仪表指示应相符，否则继续检查校验。

　　2）使用维护

　　（1）雷达液位计的日常检查维护主要是查看电源电压和输出电流是否正常。通电后，如果仪表没有输出，则应检查电源是否真正接上，并检查保险丝是否烧坏。对于不超过 2 个月的短期停运，不必切断仪表电源。

　　（2）雷达液位计使用时是和设备连成一体的，整个系统是密封的，所以平时还应检查各部件连接处的密封情况是否良好。

　　3）安装注意事项

　　（1）测量液位的场合，垂直向下检测安装。

　　（2）测量料位的场合，雷达波束宜指向料仓底部的出料口。

　　（3）天线平行于测量槽壁，利于微波传播。

　　（4）安装位置距离槽壁应大于 30 cm，以免槽壁上的虚假信号误做回波信号。尽量避开搅拌器、进液口、漩涡，因为液体在注入时会产生幅度比被测液体反射的有效回波大很多的虚假回波。同时漩涡引起的不规则也会对微波信号产生散射，引起有效信号衰减。

　　（5）雷达液（料）位计的安装，还应符合制造厂的要求。

4. 雷达液位计的检修维护

　　检修注意事项：

　　（1）拆装检修各防爆结合面时，不得划痕碰伤。不可涂油漆，可涂少量润滑油和少量防锈油。

（2）装检修前要切断电源。

（3）清除雷达天线的附着物。

（4）检查接线端子是否接触良好，是否有腐蚀或脏物，如有要清除脏物或更换端子，确保接触良好。

（5）重新安装后要随工艺设备一同试压，并进行校对工作。

第八节　汽车防火罩

一、汽车防火罩概述

汽车防火罩（又名机动车排气火花熄灭器、汽车排气管防火罩、防火帽、汽车阻火器、汽车防火帽）是一种安装在机动车排气管后，允许排气流通过，且阻止排气流内的火焰和火星喷出的安全防火、阻火装置。适用于易燃易爆重点防火单位及仓库货场、油田、林区、煤矿、石油化工液化气厂、造纸厂、飞机场等禁火区域。该产品安装非常方便快捷，只需将口径匹配的规格产品的带有夹紧箍的开口一端套在相应机动车排气管上，然后拧紧夹紧箍两边的螺母即可（见图 2.31、图 2.32）。

图 2.31　汽车防火罩图　　　　2.32　警示标志

二、汽车防火罩的原理

防火罩一般包括罩顶、罩围和罩裙 3 部分。罩顶装有用石墨等膨胀材料制作而成的散热片，散热片上设有气孔，散热片受热膨胀后，气孔自动封闭，使外界空气无法从气孔进入防火罩内，由此将燃烧面积控制在一定范围内，阻止火势快速蔓延。

1. 防火帽规格

汽车防火帽需要根据每辆汽车排气管的粗细来选择，常用的规格有［以机动车排气管直径（外径）算］：

30 ~ 80 mm 之间的 11 种规格（30，35，40，45，50，55，60，65，70，75，80），另外还有 85 ~ 130 mm 之间的 10 种规格（85，90，95，100，105，110，115，120，125，130）。

2. 适用范围

适用于易燃易爆重点防火单位及仓库货场、制氧站、煤气储备站等禁火区域。

三、汽车防火罩的使用

使用汽车防火帽时，只需将口径匹配的防火帽带有夹紧箍的开口一端套在相应机动车排气管上，然后拧紧夹紧箍两边的螺母。车辆进入禁火区域时必须关闭阀门保证安全防火，车辆不在禁火区时，打开阀门不影响车辆排气（见图 2.33）。

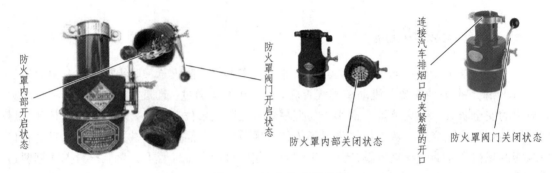

防火罩内部开启状态　　防火罩阀门开启状态　　防火罩内部关闭状态　　连接汽车排烟口的夹紧箍的开口　　防火罩阀门关闭状态

图 2.33　汽车防火罩使用

四、汽车防火罩的维护与保养

（1）为了确保阻火器的性能达到使用目的，在安装阻火器前，必须认真阅读厂家提供的说明书，并仔细核对标牌与所装排气管口径要求是否一致。

（2）使用前应检查阻火器是否完好，检查阻火层是否有堵塞、变形或腐蚀等缺陷。

（3）被堵塞的阻火层应清洗干净，保证每个孔眼畅通，对于变形或腐蚀的阻火层应更换。

第三章　电气安全防护器材

第一节　高压跌落熔断器

一、高压跌落熔断器概述

跌落式熔断器适用于频率为 50 Hz、额定电压为 35 kV 及以下的电力系统中，装在配电变压器高压侧或配电之干线路上，主要功能有对保护性能要求不高的地方，它可以与隔离开关配合使用，代替自动空气开关；还可以与负荷开关配合使用，代替价格高昂的断路器。同时还具有短路保护、过载及隔离电路。

二、高压跌落熔断器原理

跌落式熔断器主要由熔丝具、熔丝管和熔丝元件 3 部分构成（见图 3.1）。跌落式熔断器在正常运行时，熔丝管借助熔丝张紧后形成闭合位置。当系统发生故障时，故障电流使熔丝迅速熔断，并形成电弧，消弧管受电弧灼热，分解出大量气体，使管内形成很高的压力，并沿管道强烈纵吹，电弧迅速被拉长而熄灭。熔丝熔断后，下部静触头失去张力而下翻，使缩紧机构释放熔丝管，熔丝管跌落形成明显的开断位置。当需要拉负荷时，用绝缘杆拉开动触头，此时主动、静触头依然接触，继续用绝缘杆拉动触头，辅助触头也分开，在出头之间产生电弧，电弧在灭弧罩狭缝中被拉长，同时灭弧罩产生气体，在电流过零时，将电弧熄灭。

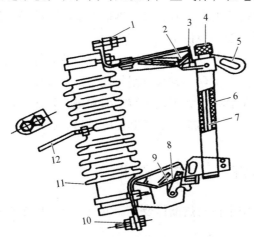

图 3.1　高压跌落熔断器结构图

1—上接线端；2—上静触点；3—上动触点；4—管帽；5—操作环；6—熔管；7—熔丝；
8—下动触点；9—下静触点；10—下接线端；11—绝缘瓷瓶；12—固定安装板

三、跌落式熔断器的安装要求

（1）熔断器应该垂直安装，防止电弧飞落在临近带电部分。

（2）熔断器与固定触头应成直线、无倾斜地接触。

（3）跌落式熔断器，其熔管轴线应与铅垂线成 15°～30°，其转动部分灵活，跌落时不应碰及其他物体。

（4）熔丝的规格应符合设计要求，应无弯折压扁或损伤，熔件与触头应压紧密牢固。

（5）熔断器上必须标明熔断器及熔件（丝或片）的额定电流，熔件的容量应符合被保护电器的要求，未经校验或无额定电流标示的熔件不准使用。

四、跌落式熔断器的使用要求

高压跌落式熔断器采用绝缘杆单相操作，不允许带负荷操作。通过实践发现，在带负荷误拉开第一相时，大多数情况与断开并联回路或环路差不多，断开电压较低，因此不会发生强烈电弧。而在带负荷拉开第二相时，由于断口电压为线电压，其断口电压较高，因此会发生强烈的电弧，可能导致相邻各相发生弧光短路，将会威胁人身及设备的安全。而在拉开第三相时，因电路已趋于开路（无电流或电流很小），不会产生电弧。所以合理正确的操作是至关重要的，根据经验总结的方法有：

一准备：做好操作前的准备工作，选用相应电压等级而且合格的绝缘拉杆，戴绝缘手套，穿绝缘鞋，确保安全。

二核对：操作前要认真核对设备名称和编号，确定操作对象的正确性。

三站位：选择便于操作的位置站好，一般站在当前操作相跌落式熔断器的前下方为宜，如果是杆塔上的操作，还应系好安全带。

四对准：操作时使跌落式熔断器动触头对准其静触头，以确保合位的准确性。

五合上：在合高压跌落式熔断器时，必须迅速、果断、准确，但在合到底时，不能用力过猛，以防损坏支持绝缘子及其他设备。

除此之外，高压跌落式熔断器在日常运行中还存在熔断件的电流特性不稳定，随着运行环境、温度的变化，造成配合失误、越级跳闸等现象；熔管质量差，发生变形起层而导致误跌落；长期使用易发生上下触头接触不良，容易引起触头发热、烧损和触头氧化等情况；由于运行维护中操作、使用、安装不当，导致其性能受损。因此，应该提高对这方面的监控。

五、跌落式熔断器的运行维护管理

（1）检查熔断器的额定电流与熔断体及负荷电流值是否匹配合适，若配合不当必须进行调整。

（2）熔断器的每次操作须仔细认真，不可粗心大意，特别是合闸操作，必须使动、静触头接触良好。

（3）熔管内必须使用正规厂家生产的标准熔体，禁止用铜丝铝丝代替熔断体，更不准用铜丝、铝丝及铁丝将触头绑扎住使用。

（4）对新安装或更换的熔断器，要严格验收工序，必须满足规程质量要求。

（5）熔断体熔断后应更换新的同规格熔体，不可将熔断后的熔体联结起来再装入熔管继续使用。

（6）应定期对熔断器进行巡视，每月不少于一次夜间巡视，查看有无放电火花和接触不良现象，不放电，会伴有嘶嘶的响声，要尽早安排处理。

第二节　五点式电工双控安全带

一、五点式电工双控安全带概述

安全带是电工作业时防止坠落的安全用具，有高空作业用安全带、架子工用安全带、电工用安全带。按安全带结构分三点式安全带、五点式安全带，五点式安全带又被称作全身安全带（见图 3.2、图 3.3）。目前常用的为双背式安全带。过去安全带用皮革、帆布或化纤材料制成，按国家标准现已生产了锦纶安全带。锦纶织带具有良好的延展性，耐磨，耐老化、潮湿，防霉蛀等优点。

图 3.2　五点式电工双控安全带图

图 3.3　五点式电工双控安全带穿戴图

二、五点式电工双控安全带的原理

五点式安全带，是指能够系住人的躯干，有背带和跨带，在发生坠落时将冲击力分散在双臂、双跨和腰部，使作用在腰部的冲击力降低到最小的安全带。五点式安全带包括用于挂在锚固点或吊绳上的两根安全绳。一条完好的安全带如图 3.4 所示。

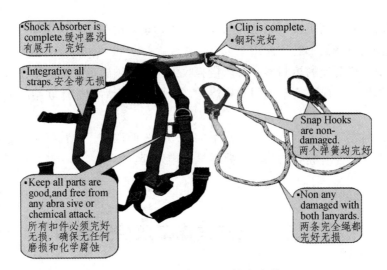

图 3.4　五点式电工双控安全带

三、五点式电工双控安全带的使用

1. 使用前的检查

（1）安全带没有出现断裂或损坏。

（2）"D"环没有变形。

（3）扣环工作正常。

（4）缝合牢靠。

（5）金属部件状况良好。

2. 使用步骤

（1）抓住后部的"D"形环，拿起安全带。

（2）把安全带套在头上，就好像穿 T 恤衫一样。

（3）把腿带套在腿上，以便接到位于每一侧臂部上的扣环中，确保腿带没有交叉。

（4）拉紧或松开吊带末端，以调整腿带。

（5）调整安全带后，检查确定吊带没有扭曲或交叉，而且后部"D"形环位于肩胛骨处（见图 3.5）。

①　　　　　②　　　　　③　　　　　④

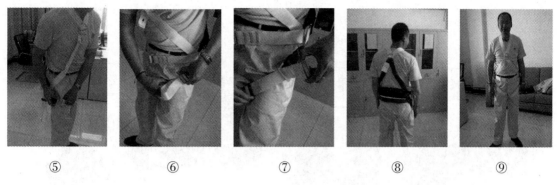

⑤　　　　　⑥　　　　　⑦　　　　　⑧　　　　　⑨

图 3.5　五点式电工双控安全带穿戴步骤

3. 安全绳的使用注意事项

（1）不要在缓冲系绳上打结。

（2）保护索带不要碰到外漏的边缘，否则在发生跌落时可能会损坏缓冲系绳。

（3）不要将两根缓冲系绳连接在一起。

（4）从固定点到安全带连接点最大长度不得超过 2 m。

（5）不要将缓冲系绳用作维修绳索或调运绳索。

（6）高处作业时必须同时使用两条安全绳，严禁单挂。

四、五点式电工双控安全带维护保养

1. 五点式电工双控安全带维护保养

（1）在肮脏的环境中使用后，要对安全带进行清洗。

（2）不要使用腐蚀性洗涤剂，要用中性的肥皂清洗。

（3）让安全带慢慢地干燥。

（4）每次使用前都需要进行检查，无论是否使用，每隔 6 个月都需要由专业人员进行检查。

（5）一旦发生坠落，无论安全带是否有损坏，坠落时使用的整套安全带都不能再用了。

2. 五点式电工双控安全带日常检查

日常检查可以按照图 3.6 进行，分别检查安全带的各个部位。

检查编织袋的所有面

检查缝线磨损或断裂

检查硬件后侧的缝线

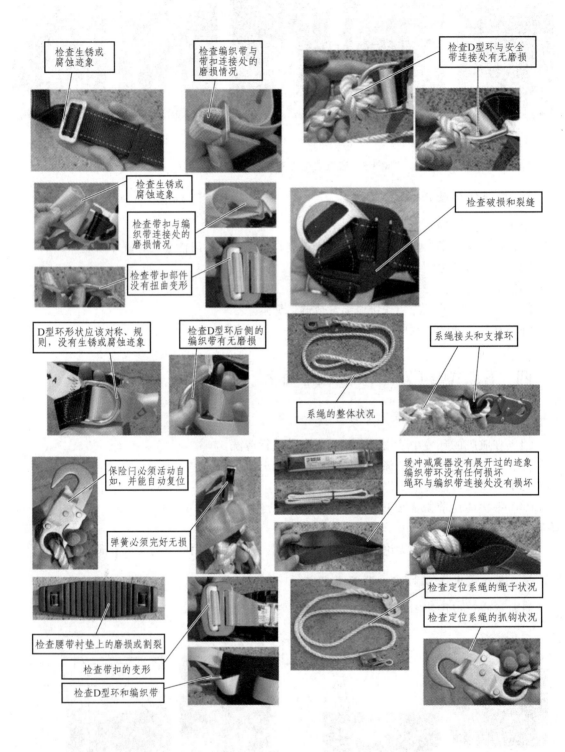

检查生锈或腐蚀迹象

检查编织带与带扣连接处的磨损情况

检查D型环与安全带连接处有无磨损

检查生锈或腐蚀迹象

检查带扣与编织带连接处的磨损情况

检查带扣部件没有扭曲变形

检查破损和裂缝

D型环形状应该对称、规则，没有生锈或腐蚀迹象

检查D型环后侧的编织带有无磨损

系绳接头和支撑环

系绳的整体状况

保险闩必须活动自如，并能自动复位

弹簧必须完好无损

缓冲减震器没有展开过的迹象编织带环没有任何损坏绳环与编织带连接处没有损坏

检查腰带衬垫上的磨损或割裂

检查带扣的变形

检查D型环和编织带

检查定位系绳的绳子状况

检查定位系绳的抓钩状况

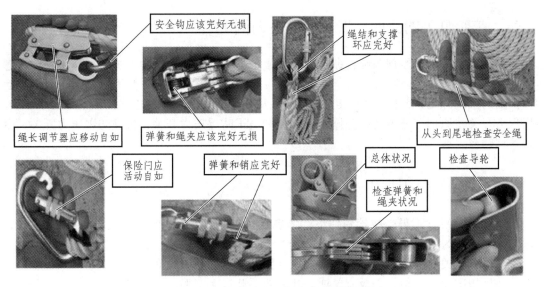

图 3.6　五点式电工双控安全带检查图例

第三节　防爆开关

一、防爆开关概述

防爆开关，顾名思义，就是能够应用在恶劣的较为危险的爆炸环境中，具有特殊防爆性能的开关。最常见的防爆压力开关，其广泛应用于石化、海上平台、水处理、医药、食品加工、矿业、船舶、国防、管道等各个行业。防爆压力开关是应用于危险场合的最可靠仪器，通过坚固的密封壳体将接线触点密闭在坚固空间中达到隔爆的效果（见图 3.7 ~ 3.10）。

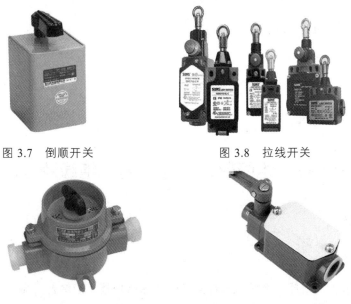

图 3.7　倒顺开关　　　　　　　　图 3.8　拉线开关

图 3.9　照明开关　　　　　　　　图 3.10　行程开关

二、防爆开关的原理（以压力开关为例）

防爆压力开关工作原理为纯机械形变导致微动开关动作。当压力增加时，使不同的传感压力元器件(膜片、波纹管、活塞)产生形变，向上移动，通过栏杆弹簧等机械结构，最终启动最上端的微动开关，使电信号输出。设定方式从功能原理上又分为连续位移型和力平衡型。防爆压力开关按原理可分为机械防爆压力开关和电子防爆压力开关，机械防爆压力开关又分为普通型和密封型。

三、防爆开关的使用

（1）开头接线盒不得少螺栓和弹垫，弹垫应和螺栓同规格，螺栓长度应露出 3～5 丝，少丝为失爆，多为不完好。

（2）防爆开关转盖应光洁，无锈蚀，无机械伤痕，间隙应为 0.02 mm。

（3）机械闭锁应完整，手板应灵活，开关架不开焊无变形。

（4）开关应上架，接地螺栓里有帽，应有爪卡和弹垫。

（5）电缆应进接线室 5～8 mm，少为失爆，多为不完好。

（6）芯线不应有打扰，排整齐，接线应做线鼻，接线柱应有爪卡，弹垫爪卡不得压芯线外皮，外皮距爪卡距离 2mm，接线柱不得有外露毛刺。

四、防爆开关的检修维护

1. 设备管理

在设备管理方面，维护方面做到"四定"：定时间、定人员、定标准、定任务，严格按照设备操作规程和完好标准进行使用和维护，按照技术要求进行强化培训。执行日常保养（维护）和定期保养制度，确保设备整齐、清洁。

2. 防爆开关的维护与保养

（1）清扫除尘。

（2）检修时在隔离插销上适当涂抹凡士林。

（3）紧固螺栓。

（4）检查周期：60 天。

第四节　令克棒、绝缘靴、绝缘手套、绝缘胶垫、绝缘梯凳

一、令克棒

1. 令克棒概述

令克棒又叫高压拉闸杆、绝缘操作杆（又称绝缘操作棒、绝缘杆、高压操作杆)，按电压等级可分为 10 kV、35 kV、110 kV、220 kV、330 kV、500 kV，是根据电力系统生产、运行、

维护需要而研制开发的适用型产品（见图 3.11、图 3.12）。

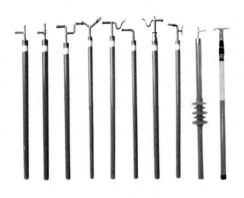

图 3.11　令克棒　　　　　图 3.12　铁接扣式高压令克棒

2. 令克棒原理

高压令克棒主要通过材料绝缘来达到防护的目的。绝缘操作杆一般采用玻璃钢环氧树脂杆手工卷制成型杆和机械拉挤成型杆 2 种。两种绝缘杆各有优势：手工卷制杆的优点是张性大，但是纵向强度相对机制拉挤成型杆小。机制拉挤成型杆的优点是强度大，但是横向张性相对手工卷制杆要小些。

令克棒的形式分为 2 种：一种是便携式伸缩型的，用新型绝缘材料加工而成。它具有拉长，又能收缩的特点。便携式伸缩新型令克棒便于在室外各项高电压试验中使用，特别用于在做直流耐压试验后，对试品上积累的电荷，进行对地放电，确保人身安全。另一种就是接口式令克棒，是比较常用的一种绝缘杆。分节处采用螺旋接口，最长可做到 8 m，可分节装袋携带方便。

3. 令克棒使用方法

（1）把配制好的接地线插头插入放电棒的头端部位的插孔内，将地线的另一端与大地连接，接地要可靠。

（2）放电时应在试验完毕后，即直流发生器的控制箱的升压旋钮回到零位上，此时可观察控制箱上电压表的电压降到 15～20 kV，方可放电。

（3）放电时应先用放电棒前端的金属尖头，慢慢地去靠近已断开试验电源的试品。此时放电棒释放电能是经过放电电阻进行对地放电。然后再用放电棒上的钩子去钩住试品，进行第二次放电。

4. 令克棒的检修维护

（1）对绝缘杆进行外观检查，操作杆表面光滑，无划伤裂痕，空心管断口处有堵封头，节杆之间连接牢固，不松动，不脱落。

（2）对每套高压绝缘杆上的标记进行检查，确认制造厂名、生产日期、适用额定电压等是否准确完整。

二、绝缘靴

1. 绝缘手套概述

绝缘手套是指在电气设备上进行带电作业时，起电气绝缘作用的一种带电作业用手套。区别于一般劳动保护用的安全防护手套，绝缘手套要求具有良好的电气性能，较高的机械性能，并具有柔软的性能。绝缘手套是用天然橡胶制成的，是用绝缘橡胶或乳胶经压片、模压、硫化或浸模成型的五指手套，主要用于电工作业。

2. 绝缘手套的性能

每只手套上必须有明显且持久的标记，内容包括：标记符号、使用电压等级/类别、制造单位或商标、制造年份、月份、规格型号、尺寸、周期试验日期栏、检验合格印章（见图 3.13）。绝缘手套的相关性能见表 3.1~3.3 所示。

图 3.13 绝缘手套

表 3.1 绝缘手套等级分类

序号	工作范围	选用绝缘手套标称电压等级 /kV	参考 GB 17622—1998 国标选用型号	参考 IEC903：1988 标准选用型号	各级别颜色系列
1	低压及 400 V 以下场所	0.5	1	0	红
2	10 kV 配网及开关站	3	1	1	白
3	35 kV 及以上线路及变电站	10	3	3	绿

表 3.2 绝缘手套绝缘性能要求

序号	标称电压/kV	验证电压/kV	最低耐受电压/kV	泄漏电流/mA 手套长度/mm		
				360	410	460
1	0.5	3	5	14	16	18
2	3	10	20	14	16	18
3	6	20	30	14	16	18
4	10	30	40	14	16	18

表 3.3 特殊性能的手套类型及型号

型号	防腐能力（DL/T975—2005）标准	IEC903：1988 标准属性标识
A	耐酸	耐酸
H	耐油	耐油
Z	耐臭氧	防潮
P	耐油，耐酸，耐臭氧	
C	耐超低温	耐低温
M		机械性能高
R		全部防护（防酸，耐油，防潮，机械性能高）
注：P 类兼有 A、H、Z 的性能，R 类兼有 A、H、Z、M 的性能。		

3. 绝缘手套的使用和保养

绝缘手套是作业时使用的辅助绝缘安全用具，需与基本绝缘安全工器具配套使用。在 400 V 以下带电设备上直接用于不停电作业时，在满足人体安全距离的前提下，不允许超过绝缘手套的标称电压等级使用。

1）绝缘手套的使用场合

（1）装、拆接地线等电气倒闸操作时。

（2）解开或恢复电杆、配电变压器和避雷器的接地引线时。

（3）操作机械传动的断路器或隔离开关，以及用绝缘棒拉合隔离开关或经传动机构拉合隔离开关和断路器时。

（4）带电作业。

（5）装拆高压熔断器（保险）。

（6）高压设备验电。

（7）在带电的电压互感器二次回路上工作时。

（8）电容器停电检修前，应戴绝缘手套对电容器放电。

（9）锯电缆以前，用接地的带木柄的铁钎钉入电缆芯时，扶木柄的人应戴绝缘手套。

（10）高压设备发生接地时，需接触设备的外壳和架构时。

2）使用及保养要求

（1）绝缘手套使用前先进行外观检查，外表应无磨损、破漏、划痕等（检查方法是将手套筒吹气压紧筒边朝手指方向卷曲，稍用力将空气压至手掌及指头部分检查，若手指鼓起，证明无砂眼漏气），漏气裂纹的，禁止使用。

（2）绝缘手套上应贴有统一的试验合格标签。若不在试验合格的有效期内，则不能使用。如一双手套中的一只可能不安全，则这双手套不能使用。绝缘手套的使用温度范围为 –25 ~ 55 ℃。（橡胶特性低温脆化，高温软化）

（3）使用绝缘手套时应将衣袖口（无绝缘性能，不能保证安全）套入手套筒口内，同时注意防止尖锐物体刺破手套。

（4）绝缘手套受潮或发生霉变时应禁止使用。遭雨淋、受潮时应进行干燥处理（专用干燥箱均匀干燥，避免使用局部高温设备对手套进行干燥）后方可使用，但干燥温度不能超过 65 ℃。

（5）绝缘手套弄脏时应用肥皂和水（避免化学反应，影响绝缘性能）清洗，彻底干燥后涂上滑石粉，避免粘连。新购置的绝缘手套必须经试验合格（区分出厂检验和使用前试验的概念），贴有经试验单位试验的合格证，方可使用。

（6）使用中绝缘手套每 6 个月进行一次交流耐压试验，检验要求见表 3.4。

表 3.4　绝缘手套检验要求

名称	标称电压等级/kV	交流耐压/kV	时间/min	泄漏电流/mA
绝缘手套	0.5	2.5	1	≤2.5
	3	8	1	≤9
	6	8	1	≤9
	10	8	1	≤9

（7）经定期试验的合格标签（证）贴在绝缘手套袖口表面位置。试验合格证上面应有名称、编号、本次试验日期、下次试验日期和试验人员签名档等内容。绝缘手套存放在绝缘工器具室（恒温恒湿）。

（8）不合格的绝缘手套须隔离处理，不准与合格绝缘工器具混放。

（9）外观检查有破损、霉变、针孔、裂纹、砂眼、割伤的绝缘手套应报废。定期（预试）试验不合格的绝缘手套应报废，当即剪烂。

（10）出厂年限满 5 年的绝缘手套应报废。

三、绝缘胶垫

1. 绝缘胶垫概述

绝缘胶垫是由特种橡胶制成，用于加强工作人员对地的绝缘。它可以被视为一种固定的绝缘靴，具有较大体积电阻率和耐电击穿能力，用于配电等工作场合的台面或铺地绝缘材料。

铺设绝缘胶垫的作用：电力工作人员在工作时，手和脚必须至少有一个不带电，这样电路形不成闭路，才不会对人的安全造成伤害。铺设绝缘胶垫正是保证了人的脚对地的绝缘，根据配电室耐压等级选择相应的绝缘胶垫有着举足轻重的作用。

绝缘胶垫按照颜色分类有：黑色（推荐）、红色、绿色，此外也可定制特殊颜色。

按照电压等级分类：5 kV/10 kV/15 kV/25 kV/30 kV/35 kV。

按照厚度分类：3 mm/5 mm/6 mm/8 mm/10 mm/12 mm。

按照表面样式分类：平面和防滑，其中防滑包括常规条纹防滑胶垫、均匀条纹防滑胶垫、柳叶纹防滑胶垫、菱形纹防滑胶垫和圆凸点防滑胶垫。

现行有效的绝缘胶垫国家标准是《带电作业用绝缘垫》（DL/T 853—2004）。

2. 绝缘橡胶垫选用标准及国家标准

（1）配电室电压 10 kV，选 8 mm 厚，工频耐压实验 10 000 V，1 min 不击穿，在工频耐压实验 18 000 V，20 s 击穿。

（2）配电室电压 35 kV，选 10 ~ 12 mm 厚，工频耐压实验 15 000 V，1 min 不击穿，在工频耐压实验 26 000 V，20 s 击穿。

（3）配电室低压，选 5 mm 厚，500 V 以下，工频耐压实验 3 500 V，1 min 不击穿，在工频耐压实验 10 000 V，20 s 不击穿。

3. 绝缘垫使用范围及存储方式

绝缘垫广泛应用于变电站、发电厂、配电房、试验室以及野外带电作业等场所（见图3.14）。

应储存在干燥通风的环境中，远离热源，离开地面和墙壁 20 cm 以上。避免受酸碱和油的污染，不要露天存放，避免阳光直射。

图 3.14　绝缘垫

四、绝缘梯凳

1. 绝缘梯凳概述

绝缘梯凳是一种用特殊绝缘材料制作而成的梯子和凳子，它可以加强人对地的绝缘性，保证工人在工作时的安全，是电力施工必不可缺的一种工具。绝缘梯凳广泛应用在供电工程、电信工程、电气工程、水电工程等。绝缘梯采用不饱和树脂和玻璃纤维聚合拉挤制造工艺，材质选用环氧树脂结合销棒技术，轴类钢制作表面有防护镀层，加工表面用了绝缘漆进行处理。

2. 绝缘梯凳分类

绝缘梯分类：绝缘单梯、绝缘合梯、绝缘伸缩单梯、绝缘升降合梯、绝缘升降人字梯、绝缘关节梯、绝缘升降平台、绝缘高低凳、绝缘高凳、绝缘多层凳、移动式全绝缘检修平台（见图 3.15 ~ 3.19）。

图 3.15 绝缘单梯

图 3.16 绝缘合梯

图 3.17 绝缘升降梯

图 3.18 绝缘单层凳

图 3.19 绝缘高低凳

3. 绝缘梯使用注意事项

（1）使用前：每次使用梯子前，必须仔细检查梯子表面、零配件、绳子等是否存在裂纹、严重的磨损及影响安全的损伤。使用梯子时应选择坚硬、平整的地面，以防止侧歪发生危险。检查所有梯脚是否与地面接触良好，以防打滑。在未经制造商许可的情况下，梯子决不附加其他的结构，决不使用和维修损坏的梯子。梯子升降时，严禁手握横撑，以防切伤手指。

（2）使用时：绝对禁止超过梯子的工作负荷。梯脚具有防滑效果，但依然需要有人员用手直接扶住梯子进行保护（同时防止梯子侧歪），并用脚踩住梯子的底脚，以防底脚发生移动。当攀登梯子或工作时，总是保持身体在梯桫的横撑中间，身体保持正直，不能伸到外面，否则可能会因为失去平衡而发生意外。

（3）登梯作业注意事项。

① 为了避免梯子向背后翻倒，梯身与地面之间的夹角不大于 80°，为了避免梯子后滑，梯身与地面之间的夹角不得小于 60°。

② 使用梯子作业时一人在上工作，一人在下面扶稳梯子，不许两人上梯，不许带人移动梯子。

③ 伸缩梯调整长度后，要检查防下滑铁卡是否到位起作用，并系好防滑绳。在梯子上作业时，梯顶一般不应低于作业人员的腰部，或作业人员在距梯顶不小于 1 m 的踏板上作业，以防朝后仰面摔倒。

④ 人字梯使用前防自动滑开的绳子要系好，人在上面作业时不准调整防滑绳长度。

⑤ 在部分停电或不停电的作业环境下，应使用绝缘梯。

⑥ 在带电设备区域中，距离运行设备较近时，严禁使用金属梯。超过 4 m 长的梯子应由两人平抬，不准一人肩扛梯子，以免接触电气设备发生事故。

（4）使用梯子常用的错误行为。

① 梯子太短，梯子放在椅子、木箱上进行工作。

② 梯子靠墙角度太大或太小。

③ 人站在梯子最顶端工作。

④ 人字梯无防止开滑的保险绳。

⑤ 梯头、梯脚无防滑套或防滑套破损。

⑥ 人骑在人字梯上工作。

⑦ 人在梯上，下面的人移动梯子。

⑧ 两人同时登梯工作。

⑨ 使用有损伤、未经预试合格的梯子。携带物品过大，抓扶不牢。

⑩ 梯子使用时超过承载能力。

五、绝缘钳

1．概　述

绝缘钳是被电力系统用来安装和拆卸高压熔断器或执行其他类似工作的工具，是在高压试验或电力设备维修、维护或作业安装过程经常用到的与带电体直接接触的安全性绝缘类器具，主要用于 110 kV 及以下电力系统内的安全作业辅助之用（见图 3.20、图 3.21）。

图 3.20　绝缘钳

钳头
钳轴
绝缘握柄

图 3.21　绝缘钳构成

2．结构原理

绝缘钳由工作钳口、绝缘部分和握手 3 部分组成。各部分都用绝缘材料制成，所用材料与绝缘棒相同，只是工作部分是一个坚固的夹钳，并有一个或两个管型的开口，用以夹紧熔断器。

（1）绝缘夹钳按照操作形式可以分为单手握绝缘钳和双手握绝缘钳两种基本形式。

（2）绝缘夹钳按照电压等级可以分为：0.4 kV 绝缘钳，6 kV 绝缘钳，10 kV 绝缘钳，20 kV 绝缘钳，27.5 kV 绝缘钳，35 kV 绝缘钳和 110 kV 绝缘钳几种常见规格。

单手握绝缘钳属于低压操作，可对真空保险管和一些其他较小的部件、配件进行抓取操作作业使用。高压绝缘钳主要集中为双手握绝缘钳，采用双手握绝缘钳柄，保持一定的安全距离操作更有安全保障。

绝缘钳作为一种夹具，出现在电力行业中，主要起到了绝缘作用和辅助抓取作业的用途。

3. 绝缘钳的使用及保存

（1）使用时绝缘钳不允许装接地线，以免在操作时由于接地线在空中摆动造成接地短路和触电事故。

（2）在潮湿天气只能使用专用的防雨绝缘钳。

（3）绝缘钳应保存在特制的箱子内，以防受潮或损坏。

（4）操作人员工作时，应戴护目眼镜、绝缘手套、穿绝缘靴或站在绝缘台上，手握绝缘钳要精力集中并保持身体平衡，同时注意保持人身各部位与带电部位的安全距离。

（5）绝缘钳应定期进行试验，10～35 kV 夹钳实验时施加 3 倍线电压，220 V 夹钳施加 400 V 电压，110 V 夹钳施加 260 V 电压。

4. 检查与维修

绝缘钳应每年试验一次，并登记记录。

第五节　验电器

一、验电器概述

验电器是一种用来检查高压线路和电力设备是否带电的工具，是变电所常用的最基本的安全用具。高压验电器一般以辉光作为指示信号。新式高压验电器，也有靠音响或语言作为指示的。

二、验电器原理

验电器由金属工作触头、小氖泡、电容器、手柄等组成（见图 3.22、图 3.23）。

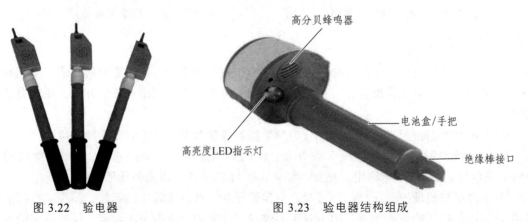

图 3.22　验电器　　　　　图 3.23　验电器结构组成

三、验电器使用方法与应用

（1）投入使用的高压验电器必须是经电气试验合格的验电器，高压验电器必须定期试验，确保其性能良好。

（2）使用高压验电器必须穿戴高压绝缘手套、绝缘鞋，并有专人监护。

（3）在使用验电器之前，除应首先检验验电器是否良好、有效外，还应在电压等级相适应的带电设备或工频高压发生器上检验报警正确，方能到需要接地的设备上验电，禁止使用电压等级不对应的验电器进行验电，以免现场测验时得出错误的判断。

（4）验电时，人体与带电体应保持足够的安全距离，10 kV 高压的安全距离为 0.7 m 以上。

（5）工作人员在使用时，应特别注意手握绝缘杆绝缘手环以下部分，手握部位不得超过护环。

（6）验电时必须精神集中，不能做与验电无关的事，如接打手机等，以免错验或漏验。

（7）对线路的验电应逐相进行，对联络用的断路器或隔离开关或其他检修设备验电时，应在其进出线两侧各相分别验电。

（8）对同杆塔架设的多层电力线路进行验电时，先验低压、后验高压、先验下层、后验上层。

（9）在电容器组上验电，应待其放电完毕后再进行。

（10）验电时让验电器顶端的金属工作触头逐渐靠近带电部分，至氖泡发光或发出音响报警信号为止，不可直接接触电气设备的带电部分。验电器不应受邻近带电体的影响，以至发出错误的信号。

（11）验电时如果需要使用梯子，应使用绝缘材料做的牢固梯子，并应采取必要的防滑措施，禁止使用金属材料梯。

（12）雨天、雾天不得使用高压验电器验电。

（13）验电必须至少两人进行，一人监护一人佩戴合格防护用品，进行操作（见图 3.24）。

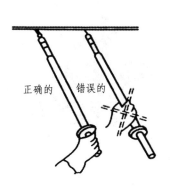

图 3.24　验电器应用

四、验电器的维护保养

（1）每次使用完毕，在收缩绝缘棒及取下回转指示器放入包装袋之前，应将表面尘埃擦拭干净，并存放在干燥通风的地方，以免受潮。回转指示器应妥善保管，不得强烈振动或冲击，也不准擅自调整拆装。

（2）为保证使用安全，验电器应每半年进行一次预防性电气试验。

第四章　应急处置器材

第一节　汽油链锯

一、汽油链锯概述

汽油链锯也称汽油动力链锯，简称油锯，是以汽油机为动力的手提锯，主要用于伐木和造材，其工作原理是靠锯链上交错的 L 形刀片横向运动来进行剪切动作。

汽油链锯的锯切机构为锯链，动力部分为汽油发动机，携带方便，操作简易，但保养和修理较复杂，只能用于切割树木，严禁切割其他类型的材料。振动和反冲随着器材的不同而不同，对安全规则的要求也不同。

汽油链锯根据锯把形式可以分为高把油锯和矮把油锯两类（见图 4.1、图 4.2）。高把油锯在双臂上的重量分配均匀，携带方便，作业时不需大弯腰，机具维修简易。矮把油锯结构紧凑，重量轻，作业时振动较小，适宜于山地林区进行伐木、打枝、造材等综合作业。

图 4.1　高把汽油链锯

图 4.2　矮把汽油链锯

按发动机功率可分为大型、中型、小型和微型。4.4 kW 以上的为大型；3~4 kW 的为中型；1~2 kW 的为小型；1 kW 以下的为微型。

二、汽油链锯原理

汽油链锯主要部分为发动机、传动机构、锯木机构等。作业时，动力通过传动机构驱动锯链，使锯链沿导板作连续运动来锯切木材。

1. 发动机

发动机一般为单缸风冷二冲程高速汽油机。为适应油锯在不同锯切方向不同位置作业,采用带有输油泵的泵膜式化油器,利用曲轴箱内的压力脉动驱动膜片泵油,使发动机在任何位置上都能正常供油。此外,还日益广泛地采用晶体管无触点磁电机点火系统和单向阀进气系统等新型结构,从而提高了发动机的使用性能。

2. 传动机构

传动机构包括离心式摩擦离合器和减速器。减速器一般采用圆锥齿轮减速器(只用于高把油锯),便于使锯木机构相对于机体做水平和垂直调节,以适应伐木和造材时不同锯切方向的需要。

3. 锯木机构

锯木机构是油锯的工作部件,包括驱动链轮、锯链、导板、锯链张紧装置和插木齿等(见图 4.3)。驱动链轮在发动机动力带动下旋转,再驱动锯链沿导板运动进行切削作业。锯链有直齿型和角钢型(万能型)两种,直齿型锯链适用于横截木材。角钢型锯链可对木材进行横截或斜向锯切,制造简便,锉磨也较直齿型锯链简易,是应用较广的锯链形式。插木齿是油锯在锯木时的支撑点,它将油锯的部分重量和锯链切削木材时的反作用力,作用到木材本身,从而减轻操作者的劳动强度。为便于操作,油锯还设有包括锯把在内的操纵装置。

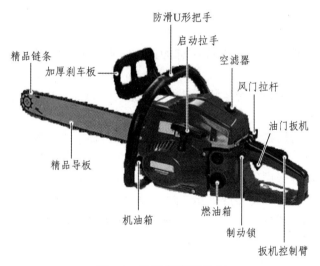

图 4.3　汽油链锯结构图

三、汽油链锯使用

汽油链锯作为一种便携式的切割工具,适用于林地复杂多样的地形,在林业中应用广泛。矮把油锯机型较为笨重,且操作不便,不适用于园林种植精密作业,只适用于廉价的大面积林业种植。精密型油锯可以用来进行园林的修整作业,用于修剪一些较为名贵的花木。加长型油锯还能适应比较高的树木的修剪。

1. 汽油链锯的使用保养

油锯是二冲程动力，使用中应从动力、切割刀具等方面注意，即可保证机器的正常使用。发动机为二冲程发动机，使用燃油为汽油与机油混合油。汽油采用 92 号以上的无铅汽油，机油使用风冷二冲程机油，严禁使用四冲程机油或者水冷二冲程机油。

严格按机器附带的配油壶配油，不能按估计随意配油。混合油最好现配现用，严禁使用配好久置的混合油。机器工作前，先低速运行几分钟，看润滑锯链机油成一油线，再工作。机器工作时，油门放在高速上使用。每工作一箱油后，应休息 10 min，每次工作后清理机器的散热垫片，保证散热。火花塞每使用 25 h 要取下来，用钢丝刷去掉电极上的尘污，调整电极间隙为 0.6 ~ 0.7 mm 为好。空气滤清器每使用 25 h 去除灰尘，灰尘大应更频繁除尘。泡沫滤芯的清洁采用汽油或洗涤液和清水清洗，挤压晾干，然后浸透机油，挤去多余的机油即可安装。

消声器每使用 50 h 卸下，清理排气口和消声器出口上的积碳。燃料滤清器（吸油头）每 25 h 去掉杂质。

新机使用时，刀具部分应注意锯链的松紧程度，以能推动锯链转动，用手提锯链，导齿与导板平行为宜，使用几分钟后，注意再次张紧锯链。

使用作业前，周围 20 m 以内，不允许有人或动物走动。一定要检查草地上有没有角铁、石头等杂物，清除草地上的杂物。

贮存时，必须清理机体，放掉混合燃料，把汽化器内的燃料烧净。拆下火花塞，向气缸内加入 1 ~ 2 mL 二冲程机油，拉动启动器 2 ~ 3 次，装上火花塞。

2. 汽油链锯安全操作

（1）油锯首次使用前必须详细阅读所有的操作说明，不遵守油锯安全规则会导致生命危险。

（2）使用操作油锯人员必须身体状况良好、休息好、健康、精神状态良好并及时工间休息，饮酒后不能使用油锯。

（3）按规定穿戴紧身防割保护工作服和戴相应劳保用品，如头盔、防护眼镜、坚固的劳保手套、防滑劳保鞋等，还应穿颜色鲜艳的背心。

（4）油锯只能交给或者借给了解油锯使用方法的人，同时附上使用说明书。

（5）使用时要注意身体不要靠近机器，防止被灼热的消声器和其他热的机器部件烫伤。

（6）工作中热机无燃油时，应在停机 15 min，发动机冷却后再加油。加油前必须关掉发动机，不能吸烟，也不要将汽油溢出。

（7）只能在通风良好的地方给油锯加油，一旦有汽油洒出，立即清洁油锯。不能在工作服上沾上汽油，一旦沾上应立即更换。

（8）启动油锯时，必须与加油地点保持 3 m 以上的距离。

（9）不要在密闭的房间使用油锯，油锯工作时发动机会排出无色无味的一氧化碳有毒气体。在水沟、凹槽或较为狭窄的范围工作，必须保证有充足的空气流通。

（10）不要在使用油锯时或在油锯附近吸烟，防止产生火灾。

（11）不能让异物进入油锯，如石头、钉子以及其他物品会被旋转抛掷而损伤锯链，油锯会被弹起伤人。

（12）油锯保养与维修时，一定关闭发动机，卸下火花塞高压线。

（13）在大风、大雨、大雪或大雾等恶劣天气时，禁止使用油锯。

（14）在油锯作业点周围应设立危险警示牌，无关人员远离 15 m 以外。

（15）严禁操作者在油锯无负荷或超负荷的状态下硬轰油门，造成油锯发动机的缸筒活塞及活塞环非正常磨损，甚至拉缸导致油锯报废。

（16）连续使用油锯时间过长，容易使发动机温度过高，建议每使用 1 h 左右，停机 15 ~ 20 min，要避免发动机过热或超负荷运行，造成发动机拉缸或报废。

（17）每次使用油锯前要检查空滤器和清理空滤器的滤芯，及时清理灰尘与杂物，发现有损坏要及时更换，避免因进气质量差导致发动机拉缸或报废。

四、汽油链锯的检修与维护

（1）如果油锯出现加油熄火、工作起来没那么带劲、发热机过热等现象时，一般是过滤器的问题。所以在工作前，需对过滤器进行检查，干净合格的过滤器对准太阳光观察，应该是透彻、明亮的，反之就是不合格的。油锯的过滤器不够干净时应用热肥皂水清洗、晾干。干净的过滤器才能保证油锯的正常使用。

（2）当油锯的锯齿变得不锋利的时候，可以用专用锉刀对锯齿链切齿进行修整，以保证锯齿的锋利程度。这时候要注意的是在用锉刀挫的时候，要沿着切齿的方向挫，不可反着来，同时锉刀和油锯锯链链条的角度也不宜过大，呈 30° 为宜。

（3）在使用油锯前，应加注油锯锯链油，这样做的好处是能够为油锯提供润滑，减少油锯锯链与油锯导板的摩擦热量，对导板起到保护作用，同时也可保护油锯锯链，以免过早报废。

（4）当油锯使用结束后，也要对油锯进行一番保养，这样下次再使用油锯时才能保证工作效率。首先是要清除油锯导板根部进油孔以及导板槽的杂质，以保证进油孔的通畅。其次对导板头内也应清除一下杂物，并加注几滴机油。

第二节　金属切割机

一、金属切割机概述

金属切割机又称无齿锯或切割锯，主要用于火灾、交通事故、建筑倒塌等事故救援中切割金属材料、混凝土、石材等。

二、金属切割机的原理

金属切割机是利用单缸两冲程风冷式小型发动机，将燃料的化学能通过燃烧做功转化为机械能，通过传动皮带带动砂轮片高速运转，利用锯片的磨削来进行切割（见图4.4）。

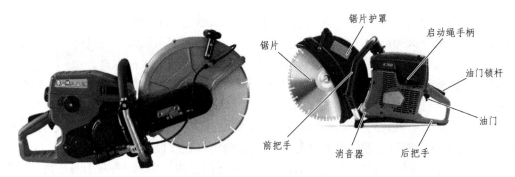

图 4.4　金属切割机结构图

三、金属切割机的使用

1. 操作前准备

（1）穿好防护服。

（2）戴好防护头盔。

（3）戴好护目镜或面罩。

（4）戴好手套。

2. 操作前检查

（1）燃油是否充足。

（2）油门和油门锁是否正常。

（3）护罩、锯片是否完好。

（4）把手及其他部件是否有松动。

3. 操作步骤

（1）打开启停开关。

（2）拉出启动风门。

（3）按下启动减压阀。

（4）反复按压空气吹扫隔膜（约 6 次，首次启动时按压）。

（5）用左手握紧前侧把手，右脚踏住后手柄较低的位置让机器紧贴地面，右手拉动启动把手启动机器。

（6）若未拉响，按下减压阀再次拉启动把手，直到引擎启动（拉启动把手时应缓慢拉动手柄至感到阻力，这时启动轮与飞轮棘爪啮合，然后快速用力拉动）。

（7）启动后推回阻风门，两脚前后站立，双手持锯，控制油门使锯片加速旋转，拿稳机器进行作业。

（8）作业完毕后恢复怠速，关闭电源开关熄火。

（9）热机启动不用开启阻风门，其他步骤同上。

4. 注意事项

（1）在操作中必须佩戴好头盔、护镜、手套和防护服。

（2）严禁单手进行操作，作业时身体应在切割锯一侧，禁止超过肩高使用无齿锯。

（3）新安装的锯片需全开油门运行约 1 min 来测试其完整性，不得使用有裂纹、缺口、变形、额定转速低于机器转速的锯片。

（4）切勿切割锯片类型范围外的材料（混凝土锯片可切割混凝土，沥青，岩石，铸铁，铝，铜，黄铜，缆线，橡胶，塑料等。金属锯片可切割钢制品，钢合金及其他硬质金属）。

（5）使用金刚石锯片时，一定要有水冷却，防止锯片过热，过热金刚石锯片会破裂溅出，造成人员伤亡。

四、金属切割机的维护保养

（1）及时清洁设备外部。

（2）定期检查油门扳机、油门锁部件是否正常。

（3）每加 3~4 次混合油重新调整传动带的松紧。

（4）每周检查各部件是否松动。

（5）每次使用前检查锯片的状况。

（6）定期检查启动装置与启动绳，清洁启动罩进气口。

（7）定期清洁火花塞，检查电极间距。

金属切割机的常见问题和解决方案见表 4.1。

表 4.1　金属切割机常见问题和解决方案

常见问题	造成的原因	解决方案
发动机无法启动	1. 油箱没油	重新加油
	2. 停止开关没有回位	将停止开关调至打开
	3. 火花塞被淹损坏	更换火花塞
	4. 发动机拉缸	发回厂家或自己购买活塞缸套修理
	5. 空气单向阀堵塞或损坏	清理或更换
	6. 化油器堵塞或损坏	清洗或更换
	7. 机油配比过多	清除机器内燃油，重新配比加入
发动机刚开始启动顺利，工作一段时间后不易启动	1. 发动机内积碳过多	清理积碳
	2. 空气单向阀堵塞，供油管不供油	清理或更换单向阀
	3. 火花塞间距过小	调整间隙 0.5 mm 或更换新的
	4. 点火线圈长期高温导致短路	更换点火线圈
发动机启动后，松开油门就熄火	1. 急速调整不当	重新调整急速
	2. 化油器堵塞	清洗化油器，如有必要更换
发动机启动和空载时加油正常，切割作业时自动熄火，加油门时转速提升很慢或没有反应	1. 化油器堵塞	清洗化油器，如有必要更换
	2. 空气单向阀堵塞或损坏	清理或更换
	3. 供油管挤压变窄或破裂松脱	更换油管
锯片在切割时出现打滑现象	1. 锯片安装不紧固	上紧锯片固定螺丝
	2. 皮带张力不够	拉紧皮带
锯片不转	1. 皮带断裂	更换新的皮带
	2. 皮带脱落	重新安装皮带，必要时更换
	3. 皮带张力不够	拉紧皮带

第三节　手抬机动消防泵

一、手抬机动消防泵概述

机动消防泵包括手抬机动消防泵和牵引机动消防泵两大类。

手抬机动消防泵（简称手抬泵）是指与轻型发动机组装为一体，可由人力移动的消防泵。手抬机动消防泵是由人力抬运到火场的机动消防泵，它的整机重量与牵引机动消防泵的整机重量相比要轻得多，体积也小得多（见图 4.5）。

图 4.5　手抬机动消防泵

手抬机动消防泵可用于具有天然水源但无固定消防设施且离城市消防站较远的广大农村集镇地区的火灾扑救，也可用于具有市政水源或内部供水管网，对消防车不易达到的工矿企业、仓库货场等场所的增压供水灭火，还可作为农业排灌机械或城建、邮电工程中坑道积水的抽排水机具。

二、手抬机动消防泵结构

手抬机动消防泵按发动机标定的最大功率可分为：5 马力[①]、7 马力、8.5 马力、10 马力、15 马力、20 马力、22 马力、25 马力等。按发动机燃料可分为：汽油机、柴油机、燃气轮机。目前，以汽油机作为发动机的手抬消防泵使用较普遍。

由于手抬机动消防泵是内燃机与专用消防泵相组合的灭火产品，所以它有自己的型号编制方法。消防产品型号由类、组、特征代号与主要参数两部分组成。B 表示手抬机动消防的泵，J 表示机动泵的机动。如 BJ25D 表示汽油发动机的标定最大功率为 25 马力，是经 4 次改进的手抬机动消防泵。

1. 汽油发动机

手抬泵使用的汽油发动机有四冲程汽油机和二冲程汽油机两种。它们由曲柄连杆机构、配气机构、供油系、点火系、冷却系、润滑系、启动系等组成。

---

① 马力为非法定计量单位，1 马力 = 735 W。

四冲程汽油机完成一个工作循环需要 4 个行程，而二冲程汽油机只需要 2 个行程。二冲程汽油机无专设的配气、润滑机构，结构简单、重量轻、维修制造方便，但因其工作中不能将废气排除干净，且扫气时有部分新鲜混合气体随废气排出，所以其缺点是经济性较差。

2. 单级离心泵与排气引水装置

单级离心泵是手抬机动消防泵上将发动机的机械能转变为水的动能的单元。它由叶轮、泵壳、泵轴等组成。离心泵的泵轴即为汽油发动机曲轴的输出端（另一端为飞轮、磁电机机构），曲轴转动后，带动叶轮旋转，使水泵进行供水。

手抬机动消防泵的排气引水装置可分为废气引水装置、刮片引水泵、水环引水泵 3 种。

3. 手抬架及附件

手抬泵的手抬架一般由架身、手柄、支承脚组成。架身由角钢或钢管焊接而成，要求刚度要好、不变形，外涂防锈漆层，以防锈蚀。发动机、水泵等部件以螺栓连接方式固定在架身上。手柄一般有 4 个，一端与架身相连接，可回转使其分别处于收藏位置或抬运位置。手柄另一端设有橡胶护套，抬运时手感舒适也起防滑作用。支承脚与架身相焊接，下面装有橡胶垫，既防震又稳固。

手抬泵的附件包括吸水管、水带、水枪、滤水器等。吸水管长 7～9 m，一端装有滤水器。滤水器用铁皮冲制而成，上有许多小孔，吸水时可滤除杂物。当水源杂质较多时，要在滤水器的外面再套一个竹篓以增加滤水效果。

三、手抬泵的操作使用

下面以 BJ10 型手抬泵的操作为例进行说明，其他型泵的使用与之相似。

1. 使用前准备

（1）检查汽油箱及润滑油箱中的油量，若不够时可适量加入。四冲程发动机使用汽油。二冲程发动机使用汽油与专用润滑油的混合油，并按规定混合比配制。

（2）连接吸水管、水带、水枪等。连接吸水管时要注意检查其接口橡胶垫圈是否完好，并且接口处必须拧紧以防漏气。视水源水质情况可确定是否使用滤水器或筐。在铺设吸水管时，还要注意使吸水管局部不能高于水泵进水口。

（3）检查并关闭水泵放余水阀、水环泵初给水箱放水阀、水滤清器放余水阀及水泵出水阀。

（4）旋松燃料箱盖子的空气螺钉，使油箱接通大气。将油箱下供油管路上的通油开关打开。用手按压化油器上的浮子压杆数次，至化油器溢流孔有燃油流出为止。

（5）将阻风阀门和节气门手柄扳至启动位置。

2. 汽油机启动

对于 BJ10 型手抬泵，启动前将阻风门半开，油门稍开（全开的 1/4 左右），手启动时，左脚踩住手抬架横梁，然后用力迅速拉动启动绳，发动机即可启动，启动后将阻风门开到全开位置，使发动机稳定运转。当启动方式为电启动时，可按顺时针方向迅速用力扳动操作面板上的启动开关，一般情况下 1~3 s 汽油机即可启动。启动后，立即松开启动手柄。

3. 引水与供水

BJ10 型手抬泵配有刮片引水泵，由引水手柄控制。在汽油机正常运转后，将引水手柄向外拉动，在皮带传动下刮片泵开始运转。待刮片泵排气口有水流喷出时，表明水已引上，可缓慢打开手抬泵出水阀，此时手抬泵可向水带、水枪供水。正常情况下，刮片泵引水时间应在 25 s 以内。

4. 停　机

关机时先把油门调到最小位置，然后按下控制盒上的停机按钮，直至发动机停止运转再松开。停机后要求关闭油路开关，以防漏油。

四、手抬泵的维护保养

（1）手抬泵必须经常保持清洁完整。每次使用或演习后应清除外部灰尘、油污，检查零部件是否完整，连接部分是否紧固，并随时修整。

（2）检查曲轴箱内机油油面，不足时应添加到油标尺上刻线处。如果油量不足或油质不好，将会使汽油机的曲轴、连杆、活塞、阀等机件严重磨损，并会引起重大事故，此点应特别注意。

（3）吸水胶管不可过分弯曲，不可在胶管上放置较重的物体，以免折裂或压扁。吸水管中的密封垫不可遗失和损坏，否则会造成引水困难，引不上水，导致机械损坏。

（4）检查调压器连接零件是否灵活。

（5）发现故障和不正常现象，应及时排除。

（6）定期检查及调整蓄电池液面，并经常补加蒸馏水，以保证正确的液面。对溢出的酸液要擦干，以保持电池清洁。一旦发现蓄电池不能启动电机，则要进行充电。

第四节　手提式切断机

一、手提式切断机概述

手提式切断机体积小，使用轻便，但工作压力较小，只能切断直径较细的钢筋。

二、手提式切断机的构造

手提式切断机的液压系统由活塞、柱塞、液压缸、压杆、拔销、复位弹簧、贮油筒及放吸油阀等元件组成（见图 4.6）。先将放油阀按顺时针方向旋紧，掀起压杆，柱塞即提升，吸油阀被打开，液压油进入油室。提起压杆，液压油被压缩进入缸体内腔，从而推动活塞前进，安装在活塞前端的动切刀即可断料。断料后立即按逆时针方向旋开放油阀，在复位弹簧的作用下，压力油又流回油室，切刀便自动缩回缸内。如此周而复始，进行切筋。

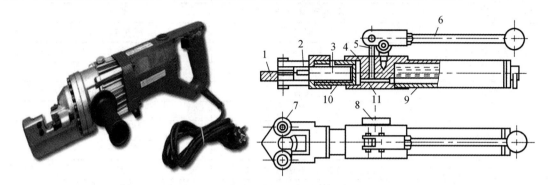

图 4.6　手动液压钢筋切断机构造示意图

1—滑轨；2—刀片；3—活塞；4—缸体；5—柱塞；6—压杆；7—拔销；
8—放油阀；9—贮油筒；10—复位弹簧；11—吸油阀

手提式切断机适用于建筑工程上各种普通碳素钢、热轧圆钢、螺纹钢、扁钢、方钢的切断。

三、手提式切断机使用与操作

（1）接送料的工作台面应和切刀下部保持水平，工作台的长度可根据加工材料长度确定。液压传动式切断机作业前，应检查并确认液压油位及电动机旋转方向符合要求。启动后，应空载运转，松开放油阀，排净液压缸体内的空气，方可进行切筋。手动液压式切断机使用前，应将放油阀按顺时针方向旋紧，切割完毕后，应立即按逆时针方向旋松。

（2）启动前，应检查并确认切刀无裂纹，刀架螺栓紧固，防护罩牢靠。然后用手转动皮带轮，检查齿轮啮合间隙，调整切刀间隙。

（3）启动后，应先空运转，检查各传动部分及轴承运转正常后，方可作业。

（4）切料时，应使用切刀的中、下部位，紧握钢筋对准刃口迅速投入，操作者应站在固定刀片一侧用力压住钢筋，应防止钢筋末端弹出伤人。严禁用两手分在刀片两边握住钢筋俯身送料。

（5）不得剪切直径及强度超过机械铭牌规定的钢筋和烧红的钢筋。一次切断多根钢筋时，其总截面积应在规定范围内。

（6）切断短料时，手和切刀之间的距离应保持在 150 mm 以上，如手握端小于 400 mm 时，应采用套管或夹具将钢筋短头压住或夹牢。

（7）当发现机械运转不正常、有异常响声或切刀歪斜时，应立即停机检修。

（8）作业后，应切断电源，用钢刷清除切刀间的杂物，进行整机清洁润滑。

四、手提式切断机的维护与保养

手提式切断机的常见故障和维护可按照表 4.2 处置。

表 4.2　切断机常见故障及维护

故　障	原　因	维护方法
剪切不顺利	刀片安装不牢固，刀口损伤	固紧刀片或修磨刀口
	刀片侧间隙过大	调整间隙
切刀或衬刀打坏	一次切断钢筋太多	减少钢筋数量
	刀片松动	调整垫铁，拧紧刀片螺栓
	刀片质量不好	更换
切细钢筋时切口不直	刀片过钝	更换或修磨
	上、下刀片间隙过大	调整间隙
轴承及连杆瓦发热	润滑不良，油路不通	加油
	轴承不清洁	清洗
连杆发出撞击声	铜瓦磨损，间隙过大	研磨或更换轴瓦
	连接螺栓松动	固紧螺栓
齿轮传动有噪声	齿轮损伤	修复齿轮
	齿轮啮合部位不清洁	清洁齿轮，重新加油
切刀无力或不能切断	液压缸中存有空气	排出空气
	液压油不足或有泄漏	加注液压油，固紧密封装置
	油阀堵塞，油路不通	清洗油阀，疏通油路
	液压泵柱塞卡住或损坏	检修液压泵

手提式切断机的日常保养应注意：

（1）作业完毕后应清除刀具及刀具下边的杂物，保持机体清洁。检查各部螺栓的紧固度及三角胶带的松紧度。调整固定与活动刀片的间隙，更换磨钝的刀片。

（2）每隔 400~500 h 进行定期保养，检查齿轮、轴承和偏心体磨损程度，调整各部位间隙。

（3）按规定部位和周期进行润滑。建议偏心轴和齿轮轴的滑动轴承、电动轴承、连杆盖及刀具用钙基润滑脂润滑，冬季用 ZC-2 号润滑脂，夏季用 ZC-4 号润滑脂，机体刀座用 HG-11号气缸机油润滑脂，齿轮用 ZC-S 号石墨脂润滑。

第五节　重型防化服

一、重型防化服概述

重型防化服是消防员防护服装之一，是工作人员在有危险性化学品和腐蚀性物品现场作业时，为保护自身免遭化学危险品或腐蚀性物质的侵害而穿着的防护服装，也称为 A 级防化服、全封闭防化服或者气密性防化服。它是防化服类别中防护等级最高的一种，材质相当特殊，常用于消防救援、化学品泄漏抢险等场合。重型防化服之所以称为气密性防化服，是因为它可以有效防护有毒气体的入侵。

二、重型防化服的原理及功能特点

重型防化服主体采用经阻燃增粘处理的锦丝绸布，双面涂覆阻燃防化面胶制成，服装主体遇火只产生炭化，不溶滴，又能保持良好强度。服装主体经贴合、缝制、贴条工艺制成，服装主体和手套，并配以阻燃、耐电压、抗穿刺靴或消防胶靴构成整套服装。重型防化服的化学防护靴和化学防护手套通过气密紧固连接装置与化学防护服连接。穿着服装可以进入无氧、缺氧和氨气、氯气、烟气等气体现场，汽油、丙酮、醋酸乙酯、苯、甲苯等有机介质气体现场以及硫酸、盐酸、硝酸、氨水、氢氧化钠等腐蚀性液体现场进行抢险救援工作。

1. 重型防化服的适用范围

重型防化服的防护范围为有毒气体、酸性溶剂、高温液体，材料可以防护多达240多种最常见的工业用化学品及化学事故中常见的化学品，呼吸器内置。一般使用于：

（1）A级环境（如：抢险救援，有毒有害工作场所，未知有毒有害物品种、剂量的环境）。

（2）生物化学环境。环境侦测分队，危险品处理，各种工业环境。

（3）泄漏应对。

2. 重型防化服的规格

重型防化服规格标准见表4.3。

表 4.3 重型防化服规格尺寸

衣 号	S	M	L	XL
衣长（领口至靴底）/cm	160	166	171	177
胸围/cm	55	56	57	58
腰围/cm	115	122	125	126
鞋码/cm	25	26	27	27
适合身高/cm	165-170	170-175	175-180	180-185

重型防化服为连体式全密封结构，由大视窗的连体头罩、化学防护服、内置正压式消防空气呼吸器背囊、化学防护靴、化学防护手套、密封拉链、超压排气阀和通风系统等组成，同正压式消防空气呼吸器、消防员呼救器及通信器材等设备配合使用（见图4.7）。

图 4.7 重型防化服

三、重型防化服的使用方法

1. 穿着要求

（1）背上正压式消防空气呼吸器压缩气瓶，系好腰带并调整好压力表管子位置，不开气源，把消防空气呼吸器面罩吊挂在脖子上。

（2）挎带自动收发声控转换器，脖子上系上喉头发音器，将对讲机和消防呼救器系在腰带上，然后将发音器接上自动收发转换器和对讲机。

（3）将重型防化服密封拉链拉开，先伸入右脚，再伸入左脚，将防护服拉至半腰，然后将压缩空气钢瓶供气管接上分配阀，空气呼吸器面罩供气管也接上分配阀，打开压缩空气瓶瓶头阀门，向分配阀供气。

（4）戴上空气呼吸器面罩，系好面罩带子，调整松紧至舒适。

（5）戴上消防头盔，系好下颏带。

（6）辅助人员提起服装，着装者穿上双袖，然后戴好头罩。由辅助人员拉上密封拉链，并把密封拉链外保护层的尼龙搭扣搭好。

2. 脱卸方法

（1）根据服装使用过程中接触污染物质的情况，脱卸前由辅助人员进行必要的清理和冲洗。

（2）穿着人员先把双臂从袖子中抽出，交叉在前胸。

（3）由辅助人员把密封拉链拉开，把防护服从头部脱到腰部（注意：脱卸过程中化学防护服外表面始终不要与穿着人员接触），脱下空气呼吸器的面罩，关闭气瓶，脱开分配阀管路，卸下声控对讲装置、消防呼救器、消防头盔和压缩空气瓶。把化学防护服拉至脚筒，着装者双脚脱离化学防护服。

（4）脱卸后，须对化学防护服进行检查和彻底清洗，然后晾干，待下次使用。

3. 使用说明

穿着人员使用前应了解重型防化服装的使用范围。穿着过程中必须有人帮助才能完成。脱卸过程必须由辅助人员协助和监护。穿着人员需经训练，熟悉穿着、脱卸及使用要点。使用中，服装不得与火焰以及熔化物直接接触。不得与尖锐物接触，避免扎破、损坏。

使用前必须检查手套和胶靴是否正确；服装里外是否被污染，服装面料和连接部位是否有孔洞、破裂；密封拉链操作是否正常，滑动状态是否良好；超压排气阀是否损坏，膜片工作是否正常；视窗是否损坏，是否涂上保明液（涂保明液的视窗应不上雾）；整套服装气密性是否良好等。

四、重型防化服的维护保养及注意事项

（1）重型防化服不得与火焰及熔化物直接接触。

（2）使用前必须认真检查服装有无破损，如有破损，严禁使用。

（3）使用重型防化服时，必须注意头罩与面具的面罩紧密配合，颈扣带、胸部的大白扣必须扣紧，以保证颈部、胸部气密。腰带必须收紧，以减少运动时的"风箱效应"。

（4）每次使用后，用清水冲洗，并根据污染情况，可用棉布沾肥皂水或 0.5% ~ 1% 碳酸钠水溶液轻轻擦洗，再用清水冲净。不允许用漂白剂、腐蚀性洗涤剂、有机溶剂擦洗服装。洗净后，服装应放在阴凉通风处晾干。

（5）重型防化服装应储存在温度 – 10 ~ 40 ℃，相对湿度小于 75%，通风良好的库房中。

（6）距热源不小于 1 m，避免日光直接照射，不能受压及接触腐蚀性化学物质和各种油类。

（7）折叠时，将头罩开口向上铺于地面。折回头罩、颈扣带及两袖，再将服装纵折，左右重合，两靴尖朝外一侧，将手套放在中部，靴底相对卷成以卷，横向放入重型防化服包装袋内。

（8）重型防化服装储存期间，每 3 个月进行一次全面检查，并摊平停放一段时间，同时密封拉链要打上蜡，完全拉开，再重新折叠，放入包装箱。

第六节　轻型防化服

一、轻型防化服概述

轻型防化服由于织物的独特性，是防护性、耐用性及舒适性最完美的组合。材料本身具有防护性，而并非通过覆膜（覆膜产品的防护性由于刮擦容易被破坏掉），可以防护有害物质，保护工人，并且可以保护敏感产品和生产过程，避免遭受来自人体的污染。轻型防化服是供消防、抢险队员、工厂或实验室的工作人员进入固体、液体酸碱类化学物品现场进行抢险、救援、工作时穿着的一种特种个人防护服装。轻型防化服不适用于在有毒、有害气体的火灾现场、事故现场或工作场所穿着。

二、轻型防化服的原理

轻型防化服利用特殊研制的纤维制造，既可以防护各种化学物质又能提供阻燃性足以维持甚至改善热防护服的效用。除重型防化服以外的防化服，均可以定义为轻型防化服，轻型防化服主要能够有效地防护化学溶剂、粉尘颗粒物及病毒的入侵。防护等级为 B 级、C 级、D 级的防化服，均属于轻型防化服一类。它的适用范围非常广泛，在医疗卫生、化工厂作业、喷涂行业等均有使用（见图 4.8）。

图 4.8　轻型防化服

三、轻型防化服的使用方法

（1）撑开连体上衣的开口处，两脚伸进裤子穿上胶靴，整理服装，提至腰部后再穿入双手。

（2）戴上防化服的帽子，理顺上衣护胸布，折叠后拉过胸襟盖片将护胸布盖严，然后将胸前揿扣揿好。

（3）理顺帽子，把颈部的收紧带围着脖子绕一圈，在颈部松紧适度的地方扣上金属揿扣。

四、轻型防化服的维护保养

（1）防化服在保存的时候一定不能受热或者阳光照射，要远离化学物质及各种油类。

（2）每年防化服都要进行一次气密性检查。

（3）不能将防化服直接与火焰或者是熔化物相接触，在使用前，一定要检查服装是否有破损，如果发现破损，是绝对不能使用的。

第七节　消防避火服

一、消防避火服概述

消防避火服是消防员短时间穿越火区或短时间进入火焰区进行灭火战斗和抢险救援时穿着的防护服，是消防员的特种防护装备之一。

消防避火服是由碳纤维防火外层、耐热防水层、隔热防火层和防火纯棉内里等多层材料组成，短时间可承受 1 000 ℃ 的火焰温度，具有良好的耐火焰、隔热性能。不仅适用于消防员在火场的火焰区进行灭火战斗和抢险救援时的个人防护，也适用于玻璃、水泥、陶瓷窑炉高温抢修时工作人员的个人防护。

消防避火服由头罩、带背囊的上装、裤子、手套、靴子组成，头罩内配头盔。

面料具有良好的耐火、隔热安全性能。制成的避火服有材质轻、柔软性佳、阻燃防火性经久不变的优点。

头盔面屏由防火聚碳酸酯制成，头罩内置安全盔，背部有呼吸内置袋，可与空气呼吸器配套使用。

二、消防避火服的工作原理

消防避火服的外层面料为阻燃面料，中间层为隔热层和防热辐射层，把热传导的几种方式都进行了阻隔，从而保证衣服内部的温度上升在人体能接受的范围内（见图 4.9、图 4.10）。

外层面料
防水透湿层
隔热层
舒适层

图 4.9　消防避火服　　　　　图 4.10　消防避火服面料结构

三、消防避火服的使用方法

（1）因避火服较其他衣服稍重，穿时需要有人辅助。

（2）避火服分上衣、下裤，先穿上裤子，然后穿上防火靴，拉上拉链，裤管套在靴筒上，扎紧裤口。

（3）背好呼吸器，戴好面罩，将拉链拉开后套上上衣，然后拉上拉链，揿好揿钮，戴上手套后扎紧袖口。

（4）先将头盔戴好，戴上头罩，再将腋下固定带固定好。

（5）穿戴完毕做全身检查后再进入火场操作。脱卸时，先脱去手套，然后脱去上衣，卸下呼吸器及气瓶，脱去防火靴，最后脱去裤子。

四、消防避火服的维护

1. 消防避火服的维护事项

（1）使用后服装表面烟垢、熏迹可用棉纱擦净，其他污垢可用软毛刷蘸中性洗涤剂刷洗，并用清水冲净，严禁用水浸泡或捶击，冲净后悬挂在通风处，自然干燥，以备使用。

（2）避火服应储存在干燥通风、无化学污染处，并经常检查，以防霉变。

（3）在正常使用情况下，保质期为一年。

2. 消防避火服的注意事项

（1）消防避火服是一种消防员短时间穿越火区或短时间进入火焰区进行救人、抢救贵重物资、关闭可燃气体阀门等危险场所穿着的防护服装。消防员在进行消防作业时，如果在较长时间情况下，必须用水枪、水炮保护，不管多好的避火材料长时间在火焰中也会烧坏。

（2）消防避火服在使用之前必须认真检查是否完好、有无破损的地方。

（3）消防避火服严禁在有化学和放射性伤害的场所使用。

（4）消防避火服必须佩戴空气呼吸器及通信器材，以保证在高温状态下使用人员的正常呼吸，以及与指挥人员的联系。

第八节　液压多功能钳

一、液压多功能钳概述

液压多功能钳是一种以剪切板材和圆钢为主，兼具扩张、牵拉和夹持功能的专用抢险救援工具，用于破拆金属或非金属结构，解救被困于危险环境中的受难者。可用于抢险救援时剪断钢筋或撑开障碍物，切断金属结构、车辆部件、管道及金属板。可在水下作业。

二、液压多功能钳的工作原理

液压多功能钳的工作原理是通过快速连接机动泵或手动泵供油，液压力推动活塞，通过连杆将活塞的动力转换成刀具的转动运动，从而对破拆对象实施剪、扩、拉、夹的救援作业。手控换向阀控制刀具的张开和闭合，手控换向阀处于中位时，刀具不运动（见图4.11、图4.12）。

图4.11　多功能钳

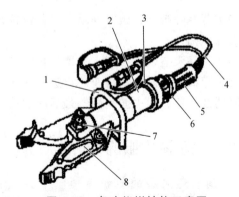

图4.12　多功能钳结构示意图

1—手柄Ⅰ；2—工作油缸；3—油缸盖；4—高压软管；5—手柄Ⅱ；
6—手控换向阀及手轮；7—中心销轴锁母；8—多功能切刀

液压多功能钳的主要特点：工具与泵一体，无须外接动力源，高低压自动转换。剪切刀与手动泵相互之间可旋转 360°，适应不同场合和方位使用。刀具采用可重磨的工具钢制造，可剪切，可扩张，可夹持。质量轻，便于携带，可置于摩托车上实施快速机动救援。可在有爆炸危险区域使用，非常安全。

三、液压多功能钳的操作

（1）将多功能钳从固定装置或储藏箱内取出，将其快速接口的阳口和阴口分别与手动泵或机动泵的阴口和阳口连接。对于机动泵需要 2 根 5 m 长、两端带有快速接口的液压软管，分别与工具和机动泵相连，快速接口防尘帽应对扣防尘。

（2）使用机动泵做动力时必须注意：一定要插接好快速接口，才允许启动发动机。待发动机转速稳定后，关闭机动泵的手控开关阀（顺时针旋转），即可正常工作。

（3）操作者将多功能钳闭合或张开至适于扩张头插入作业对象状态后，停止操作（手轮回中位）。将扩张头插入作业对象中，使多功能钳的扩张头与可靠支点接触，保证受力点在扩张头上。右旋换向手轮，多功能钳做扩张作业。同理，通过适当操作，多功能钳还可进行剪切、牵拉和夹持作业（左旋换向手轮时，多功能钳做闭合、剪切、夹持动作，右旋换向手轮时，做张开、扩张动作）。

（4）工作完毕后，应使多功能剪刀处于微张开状态（3~5 mm 距离），以便于储藏和保护刀刃。

（5）打开机动泵手控开关阀，关闭发动机，脱开快速接口，盖好防尘帽，除尘后用固定装置固定或放入储藏箱保存。

四、液压多功能钳的检修与维护

1. 液压多功能钳的维护与保养

（1）液压破拆工具液压部分的维修与调整应在指定维修部门由专业维修人员进行。

（2）定期检查设备各部位是否有松动、损坏等异常现象，确定正常后方可继续使用。

（3）在机动泵的存放和使用过程中，应注意防尘。保证液压油的清洁是保证可靠工作并延长其使用寿命的必要条件。

（4）长期存放机动泵时，应放在无灰尘处。将汽油从油箱中放空。拆下火花塞，从火花塞孔加入一匙干净润滑油，转动发动机几转，使润滑油均布于摩擦表面。再装回火花塞，将机动泵用防尘罩盖好。

2. 液压多功能钳使用注意事项

（1）多功能钳用于剪切时，只能剪切硬度不大于碳素结构钢 Q235 或硬度 HRC≤20 的材料，不允许剪切淬硬的钢材，否则将会损坏刀具或造成崩出物伤人。为防止刀具损坏，操作者如果不清楚所剪材料的硬度，应进行试剪，即剪切 1~2 mm 后退出刀具，查看切入情况，发现为淬硬材料时，应停止作业，换用其他工具，如电弧切割机等。

（2）特别注意：当剪刀端部刀刃的侧向分离垂直距离大于 3 mm 时即应退刀，调整剪切角度后重新进行剪切，否则将损坏刀具。

（3）剪切作业时应使被剪工件与剪刀平面垂直，以免剪刀因受侧力而产生侧弯损坏。

（4）剪切作业时做好安全防护，不允许剪切两端都是自由端的物体。

（5）多功能刀中心销轴锁紧螺母的拧紧力矩为 150~180 N·m。

第九节　抛投器

一、救生抛投器概述

救生抛投器，亦称射绳枪，是以压缩空气为动力，向目标抛投救生器材（如救生圈、牵引绳等）的一种救援装备。用于海上救援、电力架线、武警特种部队突击救援、消防、海军等部门，在发生火灾、海难等情况下使用。可发射救援绳索、攀缘锚钩、自动充气救生圈。应用于消防救援、反恐突击、急流救援、冰上救援，山地悬崖攀缘，跨山越水架线，船对船、船对岸、地对空（楼）之间的绳索连接，以及发射锚钩等用途。

二、救生抛投器的结构

救生抛投器主要由救援绳、牵引绳、抛射器、发射气瓶、自动充气救生圈、塑料保护套和气瓶保护套等组成（见图 4.13、图 4.14）。陆用型可携带救援绳飞行 60~90 m（高度大于 30 m）。水用型可携带救援绳飞行 40~70 m，有自动膨胀救生圈，气瓶落水后 3~5 s，救生圈自动胀开。

图 4.13　抛投器

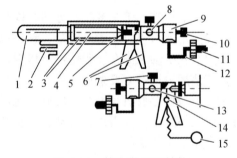

图 4.14　救生抛投器结构

1—救生圈外套；2—救援绳；3—气瓶保护套；4—发射气瓶；
5—快速接头；6—枪把手；7—放气阀；8—压力表；
9—枪体套；10—压紧螺栓；11—连接帽；
12—高压进气管；13—泄压阀；
14—安全销孔；15—安全销

三、救生抛投器的使用

1. 发射前的准备工作

（1）检查救援绳有无打结或磨损现象，检查合格后将绳子理顺渐次放入绳包中。

（2）发射气瓶嘴保护套上有 4 个小孔，将快速自动充气救生圈上黄色牵引绳的两端分别从 2 个相对的小孔穿入，再将黄色牵引绳的两端分别从气瓶嘴保护套上的另外 2 个相对的小孔穿入，一同套在气瓶嘴上，用扳手拧紧气瓶嘴保护套，牵引绳及救生圈被连接在发射气瓶上。这样就使发射气瓶与救生圈和主救生绳相互连接。作为陆用抛投器使用时，取下橙黄色水用塑料保护套，套上气瓶保护套，同时将救援绳更换为牵引绳即可。

（3）牵引绳上有一个连接小吊钩，打开小吊钩环与救援绳头端相连，关闭小吊钩环（当发射气瓶被发射出去时，通过牵引绳带动救援绳及救生圈起到救援目的）。

（4）将装有救生圈的塑料保护筒安装到发射气瓶上，准备给气瓶充气。

（5）每次发射之前应检查救生绳，确保完好后方可使用。

2. 发　射

（1）检查包装上的安全销是否处于正确位置。

（2）拔出发射安全销。

（3）以适当角度置于身前，并估计发射距离（应超过被救目标），双手紧握，扣动发射扳机进行发射。发射时应采用抛物线，严禁直接对准被救目标及物体，以免伤害被救者或损坏发射气瓶。

（4）气瓶落水后 3~5 s，救生圈自动胀开。

（5）遇险者抓住救生圈，并将它套在自己身上，救援者可将他们拉到安全地带。

3. 再发射

（1）先将快速充气装置及救生圈和发射气瓶上的水分甩掉，用洁净的干布擦拭干净，对其进行检查，确保无漏气无磨损后方可再用。

（2）将救生圈装上新的溶解塞。

（3）卷好救生圈，塞入新的水用塑料保护筒中，理好救援绳，将塑料保护筒装在发射气瓶上，把救援绳连接好。

（4）将发射气瓶装回发射装置上进行充气，对救生抛投器各零部件进行检查，确认安装连接好方可再次发射。

四、维护保养及注意事项

1. 主救援绳

主救援绳使用完后要及时用中性洗涤剂洗涤后再用清水清洗、干燥，重新装入绳包。

2. 救生圈

救生圈使用完后应及时用清水进行清洗、干燥。用人工充气方法对救生圈进行检查是否漏气，其他部件也应检查是否完好。换上新的溶解塞（安全销如有损坏，也必须更换），卷好塞入塑料保护筒，存放于干燥通风的地方（以免溶解塞受潮失效），以备再次使用。救生圈不得用于救援以外的其他作业。

3. 发射机械装置

发射机械装置使用完后，应擦拭干净，对各部零件进行检查，确认完好。用防锈润滑油对各金属部件进行喷涂润滑，以免产生锈蚀，妥善保管，待用。

4. 发射气瓶

使用完毕后，将发射气瓶从塑料保护筒中取出，用扳手将气瓶嘴保护套卸下，再将气瓶嘴旋下（注意：不要将气瓶嘴上的 O 形密封圈损坏或丢失），对各部件用清水进行清洗（用吹风机对准气瓶口吹送热风进行干燥），其他部件也必须干燥。待干燥后，用少许硅油涂抹在气瓶嘴上（不要用过大力量以防损坏部件），再将气瓶嘴护套安好，以备再用。

5. 其 他

救生抛投器的救援绳、发射气瓶和自动充气救生圈均可以反复使用。

第十节 应急照明及疏散指示灯

一、应急照明、疏散指示灯概述

应急照明和疏散指示标志系统是为人员疏散和发生火灾时提供照明和疏散指示的系统。在火灾发生时，无论是在事故停电还是在人为切断电源的状态下，为了保证火灾扑救队员的正常工作和居民的安全疏散，都必须保持一定的电光源。它的作用有两个，一是使消防人员继续工作，二是使居民安全疏散。

在安全疏散期间，为防止疏散通道骤然变暗就要保证一定的亮度，以抑制人们心理上的惊慌，确保疏散安全。为了确保疏散线路的正确，就要以显眼的文字、鲜明的箭头标记指明疏散方向，引导疏散，这种用信号标记的照明，叫疏散指示标志。

应急照明灯的分类：

1. 根据工作状态划分

一般来说，应急照明灯根据工作状态可以分为以下 3 类：

（1）持续式应急灯。不管正常照明电源是否有故障，能持续提供照明。

（2）非持续式应急灯。只有当正常照明电源发生故障时才提供照明。

（3）复合应急灯。应急照明灯具内装有两个以上光源，至少有一个可在正常照明电源发生故障时提供照明。

2. 根据功能划分

应急照明灯根据功能可分为照明型灯具和标志型灯具两类：

（1）照明型灯具。在发生事故时，能向走道、出口通道、楼梯和潜在危险区提供必要的照明。

（2）标志型灯具。能醒目地指示出口及通道方向，灯上有文字和图示，透光文字与背景有较大的对比。

疏散指示灯具有壁挂式、手提式、吊式安装方式。

二、消防应急照明灯具设置要求与功能指标

1. 设置要求

除在疏散楼梯间、走道和防烟楼梯间前室、消防电梯间及其前室及合用前室以及观众厅、展览厅、多功能厅、餐厅和商场营业厅等人员密集的场所需要设置应急照明外，对火灾时，不许停电，必须坚持工作的场所（如配电室、消防控制室、消防水泵房、自备发电机房、电话总机房等）也应该设置应急照明（见图4.15、图4.16）。

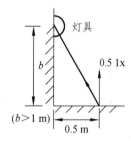

图4.15　疏散指示灯图　　　　　　图4.16　通道指示标志灯照度测定位置

在公共建筑内的疏散走道和居住建筑内走道长度超过20m的内走道，一般应该设置疏散指示标志。

2. 电源转换时间要求

（1）疏散照明≤5 s。

（2）备用照明≤5 s（金融商业交易场所≤1.5 s），消防应急灯具的应急转换时间≤5 s，高度危险区域使用的消防应急灯具的转换时间应≤0.25 s。

3. 消防疏散应急照明灯具的照度和时间要求

（1）供人员疏散的疏散指示标志，在主要通道上的照度不低于0.5 lx。

（2）人员密集场所内地面最低水平照度不应低于1.0 lx。

（3）楼体内的地面最低水平照度不应低于5.0 lx。

（4）人防工程中设置在疏散走道、楼梯间、防烟前室、公共活动场所等部位的火灾疏散照明，其最低水平照度不应低于5.0 lx。

（5）消防疏散应急照明灯具的应急工作时间应不小于90 min。

三、疏散指示灯的安装布置

出口指示灯的安装部位通常是在建筑物通向室外的正常出口和应急出口，多层和高层建筑各楼梯间和消防电梯前室的门口，大面积厅、堂、场、馆通向疏散通道或通向前厅、侧厅、楼梯间的出口。

出口标志多装在出口门上方，门太高时，可装在门侧口。为防烟雾影响视觉，其高度以 2~2.5 m 为宜，标志朝向应尽量使标志面垂直于疏散通道截面。对于指向标志可以安装在墙上或顶棚下，其高度在人的平视线以下，地面 1 m 以上为佳，这是因为烟雾会滞留在顶棚，将指示灯覆盖，使其失去指向效果。

四、检查与维护

火灾应急照明与疏散指示标志系统的维护管理应包括日常检查与维护，应按照下列要求进行系统的检查：

（1）每日查看火灾应急照明灯的外观，安装牢固程度，应急灯工作状态。

（2）每日查看疏散指示标志的外观和位置，核对指示方向，疏散指示标志工作状态。

（3）每半年应检查和试验火灾应急照明与疏散指示的电源转换功能、自动启动功能、应急电源的报警功能，并按要求填写相应的记录。

（4）对火灾应急照明与疏散指示标志，应注意应急照明灯具的检查和保养。

① 检查应急灯是否完好，并对存在故障的灯具和电池进行及时更换。

② 每月必须对应急灯具做一次 30 s 的检测，以检查灯具的应急功能是否正常。

③ 由于应急灯具只有在应急时才会使用，所以每两个月要进行一次充放电，以维持灯具电池的使用寿命。

④ 每年对电池供电的装置做一次 90 min 的检测，以确保应急灯具的正常使用。

（5）采用蓄电池的应急照明，其蓄电池容易损坏，所以应从以下方面做好蓄电池的维护。

① 保持蓄电池正常的充电，避免频繁充放电。

② 若应急灯存放或断电期超过 3 个月，则需每 3 个月充电一次，以保证蓄电池的质量。

③ 在使用新电池前应先充 20 h 左右的电，还要经过 2~3 次的充放电过程，使其达到电池的最佳容量。

④ 蓄电池虽然带有过充保护的功能，但也要对其进行定期放电的维护，以延长电池组的使用寿命。

第十一节　急救器材

一、急救器材概述

急救器材是指在现代急救医学中应用于救死扶伤的各种仪器和设备，它是医学生物工程的组成部分，是急救医学进步的标志。现在，急救医学作为一门抢救垂危重症的新学科，在技术进步浪潮的推动下，已发展成为一个完整的急救体系。这个体系中除了完善的急救复苏手段，高水平的医疗服务之外，还包括各种急救仪器及设备。

二、各种急救仪器及设备

1. 急救包

急救包一般由医务人员携带，故其质量应小，又能基本满足安放常用急救器材和药品的要求。急救包可分为专科急救包、常用急救包。实际应用中常装配常用急救包（见图 4.17）。

2. 急救箱

急救箱分为小型、大型两种（见图 4.18）。小型急救箱的装配与常用急救包相似，它可以是急救人员随身携带深入现场处理常见急症的工具，也可以固定放置于厂矿、工地、车间等场所，由保健站医务人员使用。急救包、箱内的器材设备及药品一般有听诊器、血压表、体温表、注射器、输液器、绷带、止血带及碘酒、酒精、肾上腺素、阿托品、安定等。

图 4.17　急救包

图 4.18　急救箱

三、急救箱与急救包的组成及用途

急救箱与急救包里主要的急救物品分为 3 类：急救箱检查用品、治疗用品、急救药品。表 4.4、表 4.5 所示是急救箱与急救包里的一些常用的急救器材。

表 4.4　消防急救箱常用器材

序 号	名 称	规 格	数 量	作 用
1	三角巾	1.2 m×1.2 m	5 根	用于头部、躯干、腹部、四肢的止血、包扎
2	绷带	4 cm、6 cm、8 cm	各 2 卷	用于外伤的止血、包扎及夹板固定
3	止血带	20 cm	5 根	用于大动脉血管损伤止血
4	塑脂夹板（卷形）	2 m	2 卷	用于四肢骨折损伤的固定
5	一次性无菌垫单	80 cm×60 cm	1 包	用于胸、腹部等大面积的包扎
6	棉签		5 包	用于消毒

续表

序　号	名　称	规　格	数　量	作　用
7	体温计		1个	用于测量体温
8	腕式血压计		1个	用于测量血压、脉搏
9	听诊器		1个	用于听呼吸音、心率
10	剪刀	14 cm	1把	用于剪衣裤、纱布及绷带等
11	舌钳	14 cm	1把	用于牵拉舌头
12	弹力网帽	10 cm×20 cm	5个	用于头部头皮外伤止血包扎
13	包扎弹力网	20 cm×30 cm	5个	用于四肢大面积外伤止血包扎
14	胶布		4卷	用于粘贴固定
15	颈托	四合一	1个	用于固定受伤颈椎和保护颈椎
16	开口器（不锈钢）		1个	用于打开口腔、利于呼吸道畅通
17	橡胶手套	大号、中号、小号	各2副	用于保护救援人手
18	氧气钢瓶（甲级）		1套	用于储存氧气
19	医用脱脂棉	500 g	6包	用于填塞加压包扎
20	一次性空针	50 mL、20 mL	各2具	用于眼部等外伤的冲洗及吸痰
21	吸痰管	大号、中号、小号	各2根	用于清洁口腔分泌物、保持呼吸道顺畅
22	笔式电筒	10 cm	1个	用于检测瞳孔对光反射
23	铲式担架		1副	用于转运伤者
24	脊椎固定板		1副	用于脊椎损伤的伤者转运
25	塑料牙垫	大号、中号、小号	各1个	用于垫启牙齿，使口腔保持开放
26	纱布块	6 cm×6 cm	1包	用于外伤伤口包扎

表4.5　消防急救箱常用药品

序　号	名　称	数　量	作　用
1	喷式消毒液	2瓶	用于消毒
2	脱碘棉签	10包	用于消毒
3	湿润烧伤膏	6支	用于涂烧烫伤创面
4	止痛水	2瓶	止痛
5	创可贴	5盒	小伤口贴敷止血
6	眼药水	3瓶	用于滴眼
7	云南白药喷雾剂	1盒	用于急性闭合性软组织伤
8	速效救心丸	1盒	用于心绞痛、冠心病急发
9	十滴水	100 mL×1瓶	中暑急救
10	风油精	2瓶	用于防治蚊叮、虫咬
11	清凉油	2盒	用于防治蚊叮、虫咬
12	生理盐水	200 mL×1袋	用于静脉补液、冲洗外伤伤口

四、维护与保养

1. 管理要求

（1）设置急救包须申请仓库编码。

（2）急救包、急救箱所在部门应设置急救包管理员 1~2 人，并应具备以下条件：能够独立完成急救包、急救箱内物资的收、发、存及盘点等仓储日常管理工作；能够熟练使用物资管理信息系统；能够开展急救包、急救箱物资的维护与保养工作。

（3）急救包、急救箱配置应参照急救包、急救箱配置指引进行。

（4）急救包、急救箱按定额存储物资，所存物资均为未出库物资，由物资使用单位自行管辖。

（5）急救包、急救箱物资用于满足班组生产、抢修所需，不得随意调拨到其他项目使用。

（6）物资部门、物资使用部门需对急救包、急救箱运作的数据进行跟踪分析，提高急救包、急救箱储备物资周转率。

2. 急救包、急救箱退出

因急救包、急救箱合并设置、生产机构调整等原因，已设置的急救包、急救箱不再使用，使用部门应申请急救包、急救箱废止，物资部门办理急救包物资回收和急救包退出审批。

第十二节　测温仪、测风仪

一、测温仪、测风仪概述

测温仪是温度计的一种，目前多用红外线传输数字的原理来感应物体表面温度，操作比较方便，特别是高温物体的测量（见图 4.19）。测温仪应用广泛，如钢铸造、炉温、机器零件、体温等各种物体表面温度的测量。测风设备用于风能资源的测量，可以用于风能资源分析、风场微观选址、风机及风场发电量计算、风场风能资源分析。

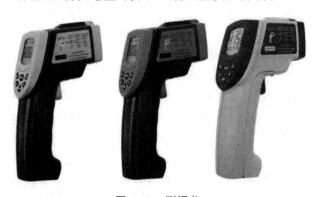

图 4.19　测温仪

二、红外测温仪

1. 红外测温仪的结构原理

红外测温仪由光学系统、调制器、红外探测器、电子放大器和指示器等部分组成（见图4.20）。

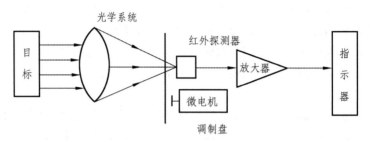

图 4.20　红外测温仪结构原理

光学系统汇聚其视场内的目标红外辐射能量，视场的大小由测温仪的光学零件及其位置确定。红外能量聚焦在光学探测器上并转变为相应的电信号。该信号经过放大器和信号处理电路，并按照内存的算法和目标发射率校正后转变为被测目标的温度值。通过对物体自身辐射的红外能量的测量，便能准确地测定它的表面温度。

2. 使用方法

（1）温度测量：扣下扳机，则自动开机，并测量温度，放开扳机则停止测量温度，并自动锁定温度读值，约 15 s 后会自动关机。

（2）最大值或最小值的显示：按下 MAX/MIN 键 1 s 进入 MAX/MIN 锁定功能，可循环显示最大及最小值读值。

（3）电池更换：电池不足时，显示器会出现错误提示，此时应及时更换 9 V 碱性或镍镉电池。

3. 维护保养及注意事项

（1）应避免高温、潮湿存放，及时更换电池。

（2）轻拿轻放，电池没电要及时更换。使用中要防止与水接触，以免导致测量数据不准确。

（3）在测温仪的透镜和被测物之间的传播光路上不能有水滴、尘埃粒子、烟、蒸汽或其他的外界物质，否则会干扰测量，使温度值偏低或不稳定。如果不可避免，可借助发射率修正、峰值或平均值测量等功能来改善测量示值。

（4）不能让直射的太阳、火焰或其他的热辐射照射到被测物和测温仪的物镜上，否则会干扰测量，使温度示值偏高或不稳定。如果不可避免，可借助发射率修正、谷值或平均值测量等功能来改善测量值。

（5）不能透过玻璃进行测量，因为玻璃有很特殊的反射和透射特性。对于光亮和抛光的金属表面的测温建议最好不用红外测温仪，因为当测量发光物体表面温度时，如铝和不锈钢，表面的反射会影响红外测温仪的读数。如果实在要用红外测温仪对光亮的或抛光的金属表面测温，则可在读取温度前，在金属表面放一胶条，温度平衡后，测量胶条区域温度。

（6）要想红外测温仪可以在环境温差大的区域来回走动仍能提供精确的温度测量，就要在新环境下经过一段时间以达到温度平衡后再测量。最好将测温仪放在经常使用的场所。

三、测风仪

1. 测风仪原理

测风设备由气象传感器、数据记录仪、电源系统、轻型百叶箱、野外防护箱和不锈钢支架等部分构成。风速风向等传感器为气象专用传感器，具有高精度高可靠性的特点。数据记录仪具有风能数据采集、实时时钟、风能数据定时存储、参数设定、友好的人机界面和标准通信功能（见图4.21）。

测风仪用于风能，气象，工业，农业，水文水利，环保，高速公路，机场和港口等，实时监测风速、风向、雨量、温度、湿度、气压、太阳辐射等风能参数。

图 4.21　测风仪

2. 使用方法

常用的手持式风速表的操作较为简单，一般按照以下步骤测量风速：

（1）打开电源开关，功能键选择风速测量功能。

（2）由单位键选择风速单位。

（3）要以旗子、小布条来确定风的方向。

（4）手持风速计或固定于脚架上，让风由后向前吹过。

（5）等待约4 s，以获得较稳定正确的读值。

（6）风速计与风的方向的夹角尽量保持在20°内。

3. 测风仪的分类及特点

测风仪分为传统风速、风向测风仪和超声波测风仪两种。

传统风速、风向测风仪的优点是结构简单，测风精度满足要求，价格低廉。缺点是轴承存在磨损，悬臂杆结构薄弱，整体结构松散。

超声波测风仪的优点是受风面积小，不易受破坏；没有机械零件，可靠性高；测风精度高。缺点是受温度的影响（波速），价格贵。

4. 测风仪检修维护及注意事项

1）测风仪检修维护

（1）雷暴天气易导致风向标、风速仪损坏。

（2）测风设备长期在潮湿环境下运行，寿命缩短。

（3）线路捆扎不结实，大风天气造成线路中断。

（4）风速仪保护等级不高，会导致进入沙尘失灵，其至使风速传感器抱死。

（5）常温测风设备在低温、恶劣环境下工作失灵。

2）注意事项

考虑到测量数据的准确性和代表性，使用测风仪器要注意以下一些问题：

（1）为了提高测风仪器测量结果的区域代表性，考虑到地形和障碍物对风速测定的影响，一般要求测风仪器安装在开阔地、10 m 高处，即测风仪器与障碍物的距离必须至少 10 倍于障碍物高出测风仪器的高度。

（2）为了提高测风仪器测量结果的时间代表性，对一段时间内测量的数值进行平均。

（3）为了使测风仪器测量结果具有比较性，必须使用统一规定型号的测风仪器。

（4）选择测风仪器时必须考虑到测风仪器的机械构造特性和空气动力特性。机械构造方面的特性，指准确度、灵敏度、分辨率、启动风速、量程范围等。

第五章　消防器材

第一节　二氧化碳灭火器

一、概　述

二氧化碳灭火剂是一种具有百年历史的灭火剂，价格低廉，获取、制备容易，其主要依靠窒息作用和部分冷却作用灭火。

二、作用原理

二氧化碳具有较高的密度，约为空气的 1.5 倍。在常压下，液态的二氧化碳会立即汽化，一般 1kg 的液态二氧化碳可产生约 0.5 m^3 的气体。因而，灭火时，二氧化碳气体可以排除空气而包围在燃烧物体的表面或分布于较密闭的空间中，降低可燃物周围或防护空间内的氧浓度，产生窒息作用而灭火。另外，二氧化碳灭火剂是一种液化低温气体，具有降低空气中氧气含量及降低燃烧表面温度，使之燃烧中断的物理灭火原理。二氧化碳从储存容器中喷出时，会由液体迅速汽化成气体，从周围吸收部分热量，从而起到冷却的作用。

1. 结构材质及分类

二氧化碳灭火器由筒体、瓶阀、喷射系统等部件构成。主要分为手提式二氧化碳灭火器和推车式二氧化碳灭火器两大类（见图 5.1、图 5.2）。

图 5.1　手提式二氧化碳灭火器

图 5.2　推车式二氧化碳灭火器

1）手提式二氧化碳灭火器

手提式二氧化碳灭火器按照喷筒与阀门的连接形式又分为刚性连接式和软管连接式。按灭火器的放置形式分为悬挂式和直立式。按充装灭火剂量的不同，可分为 2 kg、3 kg、5 kg、7 kg 共 4 种规格，前两种多为手轮式，后两种多为压把式（见图 5.3）。

图 5.3　规格型号

手轮式二氧化碳灭火器，主要由筒体（钢瓶）、启闭阀、喷筒、虹吸管、安全膜片等部件组成（见图 5.4），而压把式二氧化碳灭火器与手轮式二氧化碳灭火器主要的区别是启阀器不同（见图 5.5）。压把式启阀器具有开启速度快，能自动关闭的特点。在压把上装有安全铅封保护。有些灭火器，喷筒与启闭阀之间的连接管采用了钢丝高压胶管，非常耐压，耐低温。

图 5.4　手轮式二氧化碳灭火器结构图　　　图 5.5　压把式二氧化碳灭火器结构图

（1）筒体：是用合金钢或优质碳素钢加热收口收底而成，主要作用是承受二氧化碳灭火剂和承受二氧化碳气体压力。

（2）启闭阀：采用铜合金、铝合金、不锈钢等耐腐蚀材料制造。主要作用与筒体一样是承受灭火器内部压力，是灭火器的操作结构，相当于一个人的大脑，控制指挥灭火器各项使用技术性能指标。

（3）喷筒：又名雪花喷射器，是由胶管和橡胶喇叭组成，采用耐低温橡胶材料制造。软管由耐压、绝缘的钢丝编织制造。喷筒在 15～25 ℃ 时，喷筒口端能够承受 23 kg 重物挤压。刚性连接的喷筒，应能绕其轴线回转，并且可在任意位置上停顿。软管连接式的喷筒，应能绕阀体出口处的接头回转，其主要作用是喷射二氧化碳灭火器。喇叭起导流作用，保证灭火器的喷射性能。

（4）安全膜片：二氧化碳灭火器的超压安全保护装置，选用铜或黄铜等耐碳酸气和潮湿空气腐蚀的材料制作。当筒体内的压力超过工作压力时，膜片就自动破裂，释放出二氧化碳气体，从而防止筒内因超压而发生爆炸事故，同时，安全膜片安装在阀体上，而阀体用锥螺纹与筒体瓶口连接，膜片又起到密封作用。

（5）虹吸管：一般用金属小管锯成，装在阀上，当阀体与筒体连接时，插入筒体内，主要起导流作用，当打开阀体时，二氧化碳气体从筒体内沿虹膜管到喷筒射出。

2）推车式二氧化碳灭火器

推车式二氧化碳灭火器的规格按充装二氧化碳质量划分，分为 12 kg、20 kg、24 kg。由器头总成、喷筒总成、瓶体总成、车架总成等组成（见图5.6）。

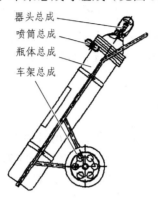

图 5.6　推车式二氧化碳灭火器部件组成

灭火器钢制筒体材料必须采用镇静钢，无缝结构制造。

喷射软管采用钢丝编织液压胶管，喷射软管的前端应装有喷筒。在（20±5）℃时，喷筒口端能承受 25 kg 重物的挤压不开裂、无永久变形，经 –50 ℃ 温度处理后无脆裂。并应设手把，手把应采用能耐 –50 ℃ 低温、电绝缘、防静电的塑料或干硬的木材制造。

灭火器内外部及其零件表面涂有防腐涂覆层。

2.　适用范围

二氧化碳在常温常压下为气态，灭火后会很快逃逸扩散，不留痕迹，不存在水渍损失等问题，加之二氧化碳具有很好的电绝缘性能，因此，二氧化碳灭火剂主要用于扑救带电设备及一般仪器设备火灾（600 V 以下电气设备初起火灾），图书、资料等火灾，油类，易燃（可燃）液（气）体等火灾，以及其他一些不宜用水扑救的火灾。

二氧化碳不能用来扑救活泼金属及其氢化物火灾（例如钾、钠、镁等，因为这些物质的金属性十分活泼，能夺取二氧化碳中的氧，而在二氧化碳中燃烧），不能扑救在惰性介质中能靠自身供氧维持燃烧的物质火灾，也不宜用来扑救醇类火灾及炽热的碳类火灾。

二氧化碳具有一定的渗透、环绕能力，可以到达不能直接射到的部位。但是，对于阴燃性物质的火灾也难以扑灭，如布匹、棉花、木材及其木制品等。对于此类火灾，不用大量的水是很难奏效的。

在室内，特别是密闭空间，使用二氧化碳灭火效果较好，但事后应注意打开门门窗通风换气。在室外，尤其是有风的情况下灭火效果较差，一般不宜适用。

三、使用与操作

1.　手提式二氧化碳灭火器

1）手提手轮式二氧化碳灭火器的使用方法

握紧灭火器喷嘴，将喷嘴对准着火部位，拔掉铅封，按逆时针方向旋转手轮，喷射出二氧化碳灭火剂进行灭火。

2）手提鸭嘴式二氧化碳灭火器的使用方法

左手抓住压把和提把，右手拔去保险插销，右手握紧灭火器喷嘴对准着火部位，左手压下压把，喷射出二氧化碳灭火剂进行灭火。

在室外，不能逆风喷射。喷射急速，要注意防止冻伤手。为了防止复燃，应做连续喷射，同时，喷射完后，要做进一步检查，确认火灾已熄灭。二氧化碳是窒息性气体，要先撤出人员，才能在封闭性空间内大量喷射二氧化碳，同时使用者也应注意自身安全，不能多人同时在封闭性空间内大量喷射二氧化碳。

2. 推车式二氧化碳灭火器

推车式二氧化碳灭火器一般由两人操作，使用时两人一起将灭火器推或拉到燃烧处，在离燃烧物 10 m 左右停下，一人快速取下喇叭筒并展开喷射软管后，握住喇叭筒根部的手柄，另一人快速按逆时针方向旋动手轮，并开到最大位置（见图 5.7）。灭火方法与手提式的方法一样。

图 5.7　推车式二氧化碳灭火器使用示意图

四、维护与保养

1. 维　护

（1）检查灭火器是否清洁，有无积尘，有无倾倒，有无挪动。

（2）检查保险销和铅封是否完好，灭火器一经开启即使喷射不多也必须按要求重新充装。

（3）检查连接管是否完好，灭火器是否有锈蚀、变形现象。

（4）检查喷嘴是否有变形、开裂、损伤，喷射软管是否畅通、开裂、损伤。刚性连接式喷筒是否能绕其轴线回转，并可在任意位置停留。

（5）确定灭火器压把、阀体等金属件是否有严重损伤、变形、锈蚀等影响使用的缺陷。

（6）检查灭火器设置位置是否明显、易取和安全，使用畅通无阻。

（7）检查可见部位防腐层的完好程度。轻度脱落的应及时补好，有明显腐蚀的应送消防专用维修部门进行耐压试验、残余变形率和壁厚测定。

（8）每半年称重一次，漏失量大于 5% 时需重新充装气体。

2. 保　养

（1）灭火器的存放环境温度应在 − 10 ~ 45 ℃ 范围内。防止气温过低，灭火器内压力下降影响喷射性能。防止温度过高或受剧烈震动，使灭火器内压力剧增影响灭火器安全使用。防止暴晒，以免碳酸分解而失效。

（2）灭火器在运输和贮存中，应避免撞击、倒放、雨淋、曝晒和接触腐蚀性物质。

（3）保持瓶体及零部件整洁、无灰尘、无腐蚀物，并应经常擦除灰尘、疏通喷嘴，使之保持通畅。

第二节　干粉灭火器

一、干粉灭火器概述

干粉灭火器是灭火器的一个种类。按照充装干粉灭火剂的种类来分，可以分为普通干粉灭火器和超细干粉灭火器两种。按移动方式来分，可以分为手提式（见图 5.8）、背负式和推车式（见图 5.9）3 种。

图 5.8　手提式干粉灭火器　　图 5.9　推车式干粉灭火器

二、作用原理

常用的干粉灭火器（如手提式或推车式干粉灭火器），都是以惰性气体为动力，将器筒内的干粉以雾状粉流的形式喷射向燃烧物。当干粉与火焰接触时，就会发生一系列的物理化学作用，使燃烧受到抑制和窒息，最终将火灾扑灭。

1. 抑制作用

当干粉的雾状粉流与火焰接触后，无数的干粉微粒将活性基团瞬时吸附在自身表面并发生反应。在这个反应过程中，干粉微粒首先消耗了活性基团的能量，然后活泼的 OH^- 和 H^+ 在粉粒表面结合，生成水。当粉粒的浓度足够大时，将会导致活性基团急剧减少，中断燃烧的链式反应，使火焰熄灭。通常把粉粒表面对活性基因的作用称为抑制作用或者叫负催化作用。

2. 窒息作用

雾状干粉喷向燃烧物，在高温作用下，发生分解，生成新的不燃物质、水和二氧化碳。

如，碳酸氢钠加热后可分解为碳酸钠、水和二氧化碳：

$$2NaHCO_3 \Longrightarrow Na_2CO_3 + H_2O + CO_2 \uparrow （加热）$$

雾状粉流对燃烧物表面蒸发出的可燃气体有一种吹扫作用，雾状粉流包围了火焰，覆盖在燃烧物的表面，降低了火焰对可燃物的热辐射作用，并稀释了燃烧区域内的氧浓度。干粉灭火剂在热分解过程中可吸收一定的热量，其分解物都是不燃物质，均可起到相应的灭火作用。

3. 干粉灭火器的分类

干粉灭火器按适用于扑救火灾的种类分为 BC 干粉、ABC 干粉和 D 干粉。其中 D 干粉主要用于扑灭活泼金属火灾，应用范围不是很广泛。BC 干粉中的钾盐干粉，虽然灭火效果比较好，但是由于原料成本很高，不易推广使用。因此，对这两种干粉不做介绍。

4. 适用范围

干粉灭火器适用于扑救油类、可燃气体、电器等初起火灾，不宜扑救竹、木、棉花等的火灾。

5. 结构材质及组成

1）手提式干粉灭火器

筒体采用优质碳素钢经特殊工艺加工而成。该系列灭火器具有结构简单、操作灵活、应用广泛、使用方便、价格低廉等优点。灭火器主要由筒体、瓶头阀、喷射软管（喷嘴）等组成（见图 5.10），灭火剂为碳酸氢钠（ABC 型为磷酸铵盐）灭火剂，驱动气体为二氧化碳，常温下其工作压力为 1.5 MPa。

2）推车式干粉灭火器

灭火器主要由筒体、器头总成、喷管总成、车架总成等几在部分组成（见图 5.11），灭火剂为碳酸氢钠（ABC 型为磷酸铵盐）干粉灭火剂，驱动气体为氮气，常温下其工作压力为 1.5 MPa。

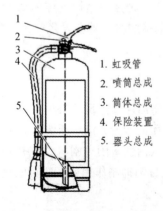

1. 虹吸管
2. 喷筒总成
3. 筒体总成
4. 保险装置
5. 器头总成

图 5.10 手提式干粉灭火器组成

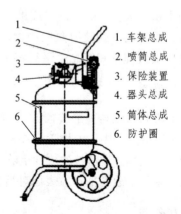

1. 车架总成
2. 喷筒总成
3. 保险装置
4. 器头总成
5. 筒体总成
6. 防护圈

图 5.11 推车式干粉灭火器组成

三、使用与操作

1. 手提式干粉灭火器的使用方法

碳酸氢钠干粉灭火器适用于易燃、可燃液体、气体及带电设备的初起火灾。磷酸铵盐干粉灭火器除可用于上述几类火灾外，还可扑救固体类物质的初起火灾，但都不能扑救金属燃烧火灾。

灭火时，可手提或肩扛灭火器快速奔赴火场，在距燃烧处 5 m 左右，放下灭火器。如在室外，应选择在上风方向喷射。使用的干粉灭火器若是外挂式储压式的，操作者应一手紧握喷枪、另一手提起储气瓶上的开启提环。如果储气瓶的开启是手轮式的，则向逆时针方向旋开，并旋到最高位置，随即提起灭火器。当干粉喷出后，迅速对准火焰的根部扫射。使用的干粉灭火器若是内置式储气瓶的或是储压式的，操作者应先将开启把上的保险销拔下，然后握住喷射软管前端喷嘴部，另一只手将开启压把压下，打开灭火器进行灭火。有喷射软管的灭火器、储压式灭火器在使用时，一手应始终压下压把，不能放开，否则会中断喷射。

干粉灭火器扑救可燃、易燃液体火灾时，应对准火焰根部扫射，如果被扑救的液体火灾呈流淌燃烧时，应对准火焰根部由近而远，并左右扫射，直至把火焰全部扑灭。如果可燃液体在容器内燃烧，使用者应对准火焰根部左右晃动扫射，使喷射出的干粉流覆盖整个容器开口表面。当火焰被赶出容器时，使用者仍应继续喷射，直至将火焰全部扑灭。在扑救容器内可燃液体火灾时，应注意不能将喷嘴直接对准液面喷射，防止喷流的冲击力使可燃液体溅出而扩大火势，造成灭火困难。如果可燃液体在金属容器中燃烧时间过长，容器的壁温已高于扑救可燃液体的自燃点，此时极易造成灭火后再复燃的现象，若与泡沫类灭火器联用，则灭火效果更佳。

使用磷酸铵盐干粉灭火器扑救固体可燃物火灾时，应对准燃烧最猛烈处喷射，并上下、左右扫射。如条件许可，使用者可提着灭火器沿着燃烧物的四周边走边喷，使干粉灭火剂均匀地喷在燃烧物的表面，直至将火焰全部扑灭（见图5.12）。注意在使用过程中不能将灭火器横着或者倒置使用。

1.提起灭火器　　2.拔下保险销　　3.握住软管　　4.对准火苗根部扫射

图 5.12　手提干粉灭火器使用方法

2. 推车式干粉灭火器的使用方法

推车式干粉灭火器一般由两人操作，使用时应将灭火器迅速拉到或推到火场，在离起火点 10 m 处停下。一人将灭火器放稳，然后拔出保险销；另一人取下喷枪，展开喷射软管，然后一手握住喷枪枪管，另一只手钩动扳机，将喷嘴对准火焰根部，喷粉灭火。

四、日常维护与保养

（1）经常对表面、喷粉管及保险销等进行清洁整理。

（2）定期对活动部位进行润滑保养。

（3）定期对筒体进行适当的晃动，防止干粉结块。

（4）当压力低于规定的范围或干粉严重结块时应申请维修或更换。

（5）干粉灭火器出厂充装灭火剂 5 年后须进行水压试验，以后每隔两年进行一次。达到报废年限时应及时申请更换。

（6）每年检查一次出粉管、进气管、喷管、喷嘴、喷枪等部分有无干粉堵塞，出粉管防潮堵膜是否破裂。发现有干粉堵塞应及时清理，并同时检查筒体内干粉是否结块，结块应及时更换。

（7）干粉灭火器满 5 年或每次再充装前，应进行 1.5 倍设计压力的水压试验，实验合格后方可使用。

（8）经修复的灭火器应有消防监督部门认可的标记，并注明维修单位的名称和修复日期。

第三节　水基型灭火器

一、水基型灭火器概述

水基型灭火器是一种适用于扑救易燃固体或非水溶性液体的初起火灾，但不可扑救带电设备火灾的灭火器。水基型灭火器广泛应用于油田、油库、轮船、工厂、商店等场所，是预防火灾发生保障人民生命财产的必备消防装备。

二、作用原理

水基型灭火器的灭火机理为物理性灭火。

水基型（水雾）灭火器在喷射后，呈水雾状，瞬间蒸发火场大量的热量，迅速降低火场温度，抑制热辐射，表面活性剂在可燃物表面迅速形成一层水膜，隔离氧气，降温、隔离双重作用，同时参与灭火，从而达到快速灭火的目的。灭火剂对 A 类火灾具有渗透的作用，如木材、布匹等，灭火剂可以渗透可燃物内部，即便火势较大未全部扑灭，其药剂喷射的部位也可以有效地阻断火源，控制火灾的蔓延速度。对 B 类火灾具有隔离的作用，如汽油及挥发性化学液体，药剂可在其表面形成长时间的水膜，即便水膜受外界因素遭到破坏，其独特的流动性可以迅速愈合，使火焰窒息。

1. 水基型灭火剂的组成

水基型灭火器的灭火剂主要由碳氢表面活性剂、氟碳表面活性剂、阻燃剂和助燃剂组成。

　　碳氢表面活性剂：表面活性剂（也叫作两亲分子），分子由亲水和亲油两部分组成。而亲油部分就是碳氢表面活性剂，比较常见的表面活性剂很多都是碳氢表面活性剂。

　　氟碳表面活性剂：指碳氢表面活性剂的碳氢链中的氢原子全部或部分被氟原子取代，即氟碳链代替了碳氢链，因此表面活性剂中的非极性基不仅有疏水性质而且独具疏油的性能。

　　阻燃剂：主要是针对阻碍高分子材料聚合物的易燃性而设计的。比较好的阻燃剂有非卤素阻燃剂中的红磷，具有量少、阻燃率高、低烟、低毒、用途广泛等优点。

2. 水基型灭火器种类

　　1）清水灭火器

　　清水灭火器由保险帽、提圈、筒体、二氧化碳储气瓶和喷嘴等部件组成，其筒体中充装的是清洁的水，所以称为清水灭火器（见图 5.13、图 5.14）。

图 5.13　清水灭火器

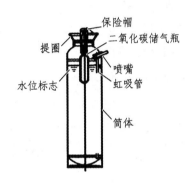

图 5.14　清水灭火器结构示意图

　　清水灭火器是以清水为主要灭火剂，再加适量的防冻剂、润湿剂、阻燃剂等。另外采用强射流产生的水雾可使可燃、易燃液体产生乳化作用，使液体表面迅速冷却、可燃蒸汽产生速度下降而达到灭火的目的。

　　2）水基型泡沫灭火器

　　水基型泡沫灭火器的灭火剂是一种高效灭火剂，它以 3%～6% 的配比与水混合而成。靠泡沫和水膜的双重作用迅速灭火，使用安全，是目前取代化学泡沫灭火剂最理想的灭火剂。主要适用于扑灭可燃固体（A 类）、可燃液体（B 类）的初起火灾（不可用于带电设备火灾）。

　　水基型泡沫液在灭火过程中产生的泡沫能析出水分，在燃料表面形成水膜，将其与空气隔离。其具有卓越的流动性，从而快速抑制火势，扑灭火灾。同时它具有较长时间的封闭性能，即有抗火焰回烧的优点。水基型泡沫灭火器按移动方式可分为手提式和推车式，如图 5.15、图 5.16 所示。

　　手提式水基灭火器有 2 L、3 L、6 L、9 L 几种类型。推车式水基灭火器有 20 L、45 L、60 L、125 L 几种类型。

图 5.15　手提式水基型灭火器

图 5.16　推车式水基型灭火器

3. 主要功能及适用范围

1）清水灭火器

清水灭火器主要用于扑救固体物质火灾，如木材、棉麻、纺织品等的初起火灾。另外，对一些易溶于水的可燃、易燃液体还可起稀释作用。

2）水基型泡沫灭火器

水基型泡沫灭火器适用于扑救一般 B 类火灾，如油制品、油脂等火灾，也可适用于 A 类火灾，但不能扑救 B 类火灾中的水溶性可燃、易燃液体的火灾，如醇、酯、醚、酮等物质火灾。水基型泡沫灭火器广泛应用于油田、油库、轮船、工厂、商店等场所。

三、使用与操作

1. 清水灭火器

（1）将清水灭火器提至火场，在距离燃烧物大约 10 m 处将灭火器直立放稳。

（2）摘下保险帽，用手掌拍击开启杆顶端的凸头，这时储气瓶的密封膜片被刺破，二氧化碳气体进入筒体内，迫使清水从喷嘴喷出。

（3）此时应立即一只手提起灭火器筒体盖上的提环，另外一只手托住灭火器的底圈，将喷射的水流对准燃烧最猛烈处喷射。

（4）随着灭火器喷射距离的缩短，操作时应逐渐向燃烧物靠近，使水流始终喷射在燃烧处，直至将火扑灭。

（5）在喷射过程中，灭火器应始终与地面保持大致的垂直状态，切勿颠倒或横卧，否则会使加压气体泄出而使灭火剂无法喷射。

2. 水基泡沫灭火器

泡沫灭火器在使用时，应手提灭火器提把迅速赶到火场。在距离燃烧物 6 m 左右，先拔出保险销，一手握住开启压把，另一手握住喷枪，紧握开启压把，将灭火器密封开启，空气泡沫即从喷枪喷出。泡沫喷出后，应对准燃烧最猛烈处喷射。

如果扑救的是可燃液体火灾，当可燃液体呈流淌状燃烧时，喷射的泡沫应由远而近地覆盖在燃烧物体上，当可燃液体在容器中燃烧时，应将泡沫喷射在容器的内壁上，使泡沫沿壁流入可燃物体的表面而覆盖。应避免将泡沫直接喷射在可燃液体表面上，以防止射流的冲击力将可燃液体冲出容器而扩大燃烧范围，增大灭火难度。灭火时，应随着喷射距离的减缩，使用者逐渐向燃烧处靠近。并始终将泡沫喷射在燃烧物上，直至将火扑灭。在使用过程中，应始终紧握开启压把不能松开，灭火器也不能倒置或横卧使用，否则会中断喷射。

四、维护与保养

1. 清水灭火器

（1）检查灭火器存放的地点温度，要防止温度在 0 ℃ 以下而发生冻结事故。

（2）灭火器应放置在通风、干燥、清洁的地点，以防喷嘴堵塞以及因受潮或受化学腐蚀药品的影响而发生锈蚀。

（3）经常进行外观检查，内容包括：灭火器的喷嘴是否畅通，如有堵塞应及时疏通。灭火器的筒体是否腐蚀，发现腐蚀严重的应及时送交维修。

（4）灭火器一经开启使用，必须按规定要求进行灭火剂的再充装，以备下次使用。

2. 水基型灭火器

（1）水基型灭火器是通过内部的压力驱动灭火药剂来灭火。放置处应保持干燥、通风，防止受潮。应避免日光暴晒及强辐射热的作用，以免影响灭火器的正常使用。也不能放在阴暗的地方，很多水基型灭火器的标签具有夜光功能，自发光需要吸收光线才可以发光。

（2）灭火器的存放环境温度应在 4 ~ 45 ℃。

（3）用户从灭火器开始设置时就要进行检查，以后要以一季度的间隔进行检查，环境恶劣时，应对灭火器进行更频繁的检查，发现灭火器的压力指示器不在绿线区域或一经使用必须送至指定的专业维修单位按有关标准进行维修和再重装，再充装前必须进行水压试验。

（4）如果需要重新充装，建议把灭火器里面的药剂做个灭火小演练，废物利用，喷光后再去充装。

（5）水基灭火器不论使用还是未使用，距出厂日期满 3 年，必须进行一次维修检查，合格后方可使用，首次维修以后每隔 2 年进行一次维修检查。

（6）经维修充装的火器，应贴有消防监督部门认可合格证，并注上维修单位的名称和维修日期。

第四节　室外消火栓

一、室外消火栓概述

室外消火栓也叫室外消防栓，传统的室外消火栓有地上式消火栓、地下式消火栓，新型的有室外直埋伸缩式消火栓（见图 5.17、图 5.18）。地上式在地上接水，操作方便，但易被碰撞，易受冻。地下式防冻效果好，但需要建较大的地下井室，且使用时消防队员要到井内接水，非常不方便。室外直埋伸缩式消火栓，不用时消火栓压回地面以下，使用时拉出地面工作，比地上式能避免碰撞，防冻效果好，比地下式操作方便，直埋安装更简单，是新型先进的室外消火栓。

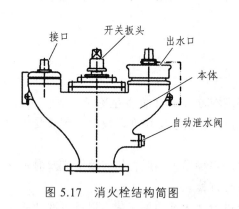

图 5.17　消火栓结构简图

图 5.18　室外直埋伸缩式

二、室外消火栓型号编制和分类

1. 室外消火栓型号编制

室外消火栓型号编制如图 5.19 所示。

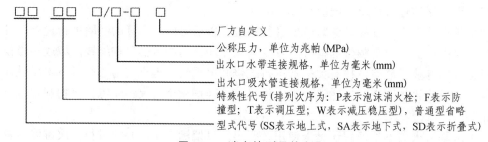

图 5.19　消火栓型号编制

示例 1：公称通径为 100 mm、公称压力为 1.6 MPa、吸水管连接口为 100 mm，水带连接口为 65 mm 的地下消火栓，其型号表示为 SA 100/65-1.6。

示例 2：公称通径为 150 mm、公称压力为 1.6 MPa、吸水管连接口为 150 mm、水带连接口为 80 mm 的防撞型地上消火栓，其型号表示为：SSF 150/80-1.6。

示例 3：公称通径为 100 mm、公称压力为 1.6 MPa、吸水管连接口为 100 mm、水带连接口为 65 mm 的防撞减压稳压型地上消火栓，其型号表示为：SSFW 100/65-1.6。

示例 4：公称通径为 100 mm、公称压力为 1.6 MPa、吸水管连接口为 100 mm、水带连接口为 65 mm 的地上泡沫消火栓，其型号表示为：SSP 100/65-1.6。

2. 室外消火栓分类

（1）消火栓按其安装场合可分为地上式、地下式和折叠式。

（2）消火栓按其进水口连接形式可分为法兰式和承插式。

（3）按用途分为普通型和特殊型，特殊型分为泡沫型、防撞型、调压型和减压稳压型等。

（4）按其进水口的公称通径可分为 100 mm 和 150 mm 两种。

（5）消火栓的公称压力可分为 1.0 MPa 和 1.6 MPa，其中承插式的消火栓为 1.0 MPa、法兰式的消火栓为 1.6 MPa。

地上式消火栓：与供水管路连接，由阀、出水口和栓体等组成，且阀、出水口以及部分壳体露出地面的消防供水（或泡沫混合液）装置（见图 5.20）。

地下式消火栓：与供水管连接，由阀、出水口和栓体等组成，且安装在地下的消防供水（或泡沫混合液）装置（见图 5.21）。

防撞型地上消火栓：受撞击后，只有某一部件断裂面栓体和阀体不损坏，且保证水不泄露的一种地上消火栓（见图 5.22）。

图 5.20　地上式消火栓图　　　图 5.21　地下式消火栓　　　图 5.22　防撞型地上消火栓

减压稳压型消火栓：能将规定范围内的进水口压力减至某一出水口压力，并使出水口压力自动保持稳定的消火栓。

折叠式消火栓：一种平时以折叠或伸缩的形式安装于地面之下，使用时能移升至地面以上的消火栓，其展开时间不应大于 30 s。

三、布置要求和使用方法

1. 室外消火栓布置的消防要求

（1）设置的基本要求：室外消火栓设置安装应明显、容易发现，方便出水操作，地下消火栓还应当在地面附近设有明显固定的标志。地上式消火栓适用于气候温暖的地面安装，地下式消火栓适用于气候寒冷的地面安装。

（2）市政或居住区室外消火栓设置：室外消火栓应沿道路铺设，道路宽度超过 60 m 时，宜两侧设置，并宜靠近十字路口。布置间隔不应大于 120 m，距离道路边缘不应超过 2 m，距离建筑外墙不宜小于 5 m，距离高层建筑外墙不宜大于 40 m，距离一般建筑外墙不宜大于 150 m。

（3）建筑物室外消火栓数量：室外消火栓数量应按其保护半径、流量和室外消防用量综合计算确定，每只流量为 10～15 L/s。对于高层建筑，40 m 范围内的市政消火栓可计入建筑物室外消火栓数量之内。对多层建筑，市政消火栓保护半径 150 m 范围内，如消防用水量不大于 15 L/s，建筑物可不设室外消火栓。

（4）工业企业单位室外消火栓的设置要求：对于工艺装置区或储罐区，应沿装置周围设置消火栓，间距不宜大于 60 m，如装置宽度大于 120 m，宜在工艺装置区内的道路边增设消火栓，消火栓栓口直径宜为 150 mm。对于甲、乙、丙类液体或液化气体储罐区，消火栓应该在防火堤外，且距储罐壁 15 m 范围内的消火栓，不应计算在储罐区可使用的数量内。

2. 使用方法

（1）打开消火栓箱门，取出消防水带，向着火点展开。向火场方向铺设消防水带时避免水带扭折。

（2）将水带靠近消火栓端与其连接，连接时将连接扣准确插入槽，按顺时针方向拧紧。

（3）将水带另一端与水枪连接（连接程序与消火栓相同），手握水枪头及水管。

（4）把消火栓开关用扳手逆时针旋开，对准火源进行喷水灭火。地下消火栓上盖着厚重的井盖板，打开时一般由两个人用铁制的专用工具勾起井盖板，露出地下消火栓后再用加长的开关扳手深入到地下，拧开阀门。

（5）火灾扑灭后要用扳手沿顺时针方向关闭地上消火栓出口。

四、消火栓的日常维护管理

1. 地下消火栓的维护管理

地下消火栓应每季度进行一次检查保养，内容如下：

（1）用专用扳手转动消火栓启闭杆，观察其灵活性，必要时加注润滑油。

（2）检查橡胶垫圈等密封件有无损坏、老化或丢失等情况。

（3）检查栓体外表油漆有无脱落，有无锈蚀，如有应及时修补。

（4）入冬前检查消火栓的防冻设施是否完好。

（5）重点部位的消火栓，每年应逐一进行一次出水试验，出水应满足压力要求。在检查中可使用压力表测试管网压力。或者连接水带来做射水试验，检查管网压力是否正常。

（6）随时消除消火栓井的周围及井内积存的杂物。

（7）地下消火栓应明显标志，要保持室外消火栓配套器材和标志的完整有效。

2. 地上消火栓的维护管理

（1）用专用扳手转动消火栓启动杆，观察其灵活性，必要时加注润滑油。

（2）检查出水口闷盖是否密封，有无缺损。

（3）检查栓体外表油漆有无剥落，有无锈蚀，如有应及时修补。

（4）每年开春入冬前对地上消火栓逐一进行出水试验，出水应满足压力要求。在检查中可使用压力表测试管网压力，或者连接水带来做射水试验，检查管网压力是否正常。

（5）保持配套器材的完备有效，无遮挡。

3. 注意事项

（1）安装位置距建筑物不小于 5 m，一般设在人行道旁，其位置必须符合设计要求。

（2）室外地上式的消火栓一般安装于高出地面 640 mm。安装时，先将消火栓下部的带底座弯头稳固在混凝土支墩上，然后再连接消火栓本体。

（3）冬季使用完后，切记要关闭地下消火栓阀门，并将地下阀门至地上阀门之间管道内的水排尽。

（4）消火栓不应被遮挡、挤占、埋压。

（5）消火栓应有明显标识。

第五节　室内消火栓

一、室内消火栓概述

室内消火栓是室内管网向火场供水的、带有阀门的接口，为工厂、仓库、高层建筑、公共建筑及船舶等室内固定消防设施，通常安装在消火栓箱内，与消防水带和水枪等器材配套使用。

1. 室内消火栓型号

室内消火栓型号如图 5.23 所示，基本性能及参数见表 5.1 ~ 表 5.3。

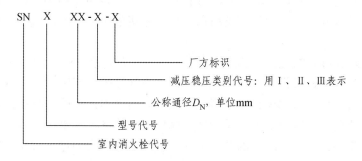

图 5.23　室内消火栓型号

表 5.1　室内消火栓型式代号

型式	出口数量		栓阀数量		普通直角出口型	45°出口型	旋转型	减压型	减压稳压型
	单出口	双出口	单阀	双阀					
代号	不标注	S	不标注	S	不标注	A	Z	J	W

表 5.2　室内消火栓的基本参数

公称通径 D_N/mm	公称压力 P_N/MPa	适用介质
25、60、65、80	1.6	水、泡沫混合液

表 5.3　减压稳压性能及流量

减压稳压类别	进水口压力 P_1/MPa	出水口压力 P_2/MPa	流量 Q/（L/s）
Ⅰ	0.4～0.8	0.25～0.35	Q≥5.0
Ⅱ	0.4～1.2		
Ⅲ	0.4～1.6		

2. 室内消火栓的类型

（1）按出水口形式可分为单出口室内消火栓和双出口室内消火栓。

（2）按栓阀数量可分为单阀室内消火栓和双阀室内消火栓（见图 5.24、图 5.25）。

图 5.24　单阀双出口

图 5.25　双阀双出口

（3）按结构形式可分为直角出口型室内消火栓、45°出口型室内消火栓、旋转型室内消火栓、减压型室内消火栓、减压稳压型室内消火栓、旋转减压型室内消火栓、旋转减压稳压型室内消火栓。

旋转型室内消火栓是指栓体可相对于进水管路连接的底座水平 360°旋转的室内消火栓。减压型室内消火栓是指通过设置在栓内或栓体进、出水口的节流装置，实现降低出口压力的室内消火栓。旋转减压型室内消火栓是指同时具有旋转室内消火栓和减压室内消火栓功能的室内消火栓。减压稳压型室内消火栓是指在栓体内或栓体进、出水口设置自动节流装置，依靠介质本身的能量，改变节流装置的节流面积，将规定范围内的进水口压力减至某一需要的出水口压力，并使出水口压力自动保持稳定的室内消火栓。旋转减压稳压型室内消火栓是指同时具有旋转室内消火栓和减压稳压室内消火栓功能的室内消火栓。

二、组成原理

采用消火栓灭火是最常用的灭火方式，它由蓄水池、加压送水装置（水泵）及室内消火栓等主要设备构成（见图 5.26）。

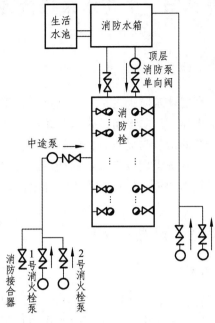

图 5.26　消火栓灭火系统

三、操作使用

（1）拉开消火栓门，取出水带、水枪。

（2）检查水带及接头是否良好，如有破损，禁止使用。

（3）向火场方向铺设水带，注意避免扭折，将水枪接到水带。

（4）将水带与消火栓连接，连接扣准确插入滑槽，并按顺时针方向拧紧。

（5）一名操作者缓慢打开消火栓阀门至最大，至少有 2 名操作者紧握水枪，对准火源（严禁对人，避免高压伤人）喷射进行灭火，直到将火完全扑灭。

四、日常维护管理与注意事项

（1）消火栓不应被遮挡、挤占。

（2）消火栓应有明显标识。

（3）消火栓箱不应上锁。

（4）室内消火栓箱应经常保持清洁、干燥、防止锈蚀、碰伤或其他损坏。

（5）室内消火栓包装时应关闭阀瓣，螺纹处应涂防锈油脂。

（6）室内消火栓在运输及装卸时应注意防雨，避免碰撞和重压。

（7）室内消火栓应储存于干燥通风的室内，防止受潮，不允许倒置，不允许接触有腐蚀性气体。

第六节   消防水泵接合器

一、消防水泵接合器概述

消防水泵接合器是根据"高层建筑防火规范"为高层建筑配套的消防设施，通常与建筑物内的自动喷水灭火系统或消火栓等消防设备的供水系统相连接。当发生火灾时，消防车的水泵可迅速方便地通过该接合器的接口与建筑物内的消防设备相连接，并送水加压，从而使室内的消防设备得到充足的压力水源，用以扑灭不同楼层的火灾，有效地解决了建筑物发生火灾后，消防车灭火困难或因室内的消防设备因得不到充足的压力水源无法灭火的情况。

二、消防水泵接合器结构原理及分类

1. 消防水泵接合器结构原理

消防水泵接合器由法兰接管、弯管、止回阀、放水阀、闸阀、消防接口、本体等部件组成。闸阀在管路上作为开关使用，平时常开。止回阀的作用是防止水倒流。安全阀用来保证管路水压不大于 1.6 MPa，消除水锤破坏，以防意外。放水阀是供泄放管内余水之用，防止冰冻和腐蚀。底座支承着整个接合器，并和管路相连。

2. 消防水泵接合器的分类

（1）地上式消防水泵接合器。

地上式消防水泵接合器栓身与接口高出地面，目标显著，使用方便（见图 5.27）。

（2）地下式消防水泵接合器。

地下式消防水泵接合器安装在路面下，不至于损坏，特别适用于较寒冷地区（见图 5.28）。

图 5.27   地上式消防水泵接合器

图 5.28   地下式消防水泵接合器

三、消防水泵接合器使用与操作

（1）打开井盖，开启放水阀。

（2）拧开外螺纹固定接口的阀盖，接上水带即可为消防车供水。

（3）用后关闭放水阀，盖好井盖。

（4）取下水带，拧好固定接口的阀盖。

四、消防水泵接合器检修维护及注意事项

1. 消防水泵接合器检修维护

（1）消防水泵接合器，必须定期进行保养，保证使用时工作正常。

（2）测试系统最不利点的压力、流量是否符合设计要求。

（3）定期检查系统连接管、止回阀、安全阀、放空管、控制阀的灵活性，并观察有无漏水、渗水现象。

（4）检查消防水泵接合器的标识有无损坏、模糊，井盖是否完好无损。

（5）已老化的密封件应及时更换。

2. 注意事项

（1）消防水泵接合器的安装，应特别注意止回阀的方向不能装倒，否则将变成装于室外的系统内消火栓而失去应有的功能。

（2）多用式消防水泵接合器的安全阀形状较小，有的工人误认为是泄水装置而未装上，仅用管堵堵住，影响安全使用，应该纠正。

（3）消防水泵接合器组的闸（蝶）阀与止回阀的位置倒装。消防水泵接合器组的闸（蝶）阀，在投入正常使用后将处于常开位置，止回阀的阀瓣将承受系统内外压差，而系统测试、检修时，压力波动更大，止回阀瓣常需检修更换。闸（蝶）阀位于止回阀与室内管网之间，则检修止回阀时关闭将不影响室内系统的正常使用。

（4）水泵接合器井腔空间偏小，不能保证消防队员操作使用、管理人员维修的需要。应严格按照要求留足相应尺寸。

（5）消防水泵接合器组常在安装后再砌筑井腔、封底，底板混凝土或灰沙土将泄水口堵住，无法及时排除本体内积水，致使本体易于锈蚀损坏。

（6）地下水位较高的地区，消防水泵接合器连通管进入井腔处未采取必要的阻水措施，地下水渗入井腔内，影响使用。

第七节　火灾（自动）报警系统

一、火灾（自动）报警系统概述

火灾（自动）报警系统是人们为了早期发现并通报火灾，以便于及时采取有效措施，控制和扑灭火灾，而设置在建筑物中或其他场所的一种自动消防设施，是人们同火灾作斗争的有力工具。

二、火灾（自动）报警系统的原理及系统组成

1. 火灾（自动）报警系统的原理

在火灾初期，将燃烧产生的烟雾、热量和光辐射等物理量，通过感温、感烟和感光等火灾探测器变成电信号，传输到火灾报警控制器，并同时显示出火灾发生的部位，记录火灾发生的时间。一般火灾自动报警系统和自动喷水灭火系统、室内消火栓系统、防排烟系统、通风系统、空调系统、防火门、防火卷帘、挡烟垂壁等相关设备联动，自动或手动发出指令，启动相应的装置。

2. 系统组成

火灾自动报警系统是由触发器件、火灾报警装置、火灾警报装置以及具有其他辅助功能的装置组成的火灾报警系统。

1）触发器件

在火灾自动报警系统中，自动或手动产生火灾报警信号的器件称为触发件，主要包括火灾探测器和手动火灾报警按钮。手动火灾报警按钮是手动方式产生火灾报警信号，启动火灾自动报警系统的器件，也是火灾自动报警系统中不可缺少的组成部分之一。火灾探测器是能对火灾参数（如烟、温度、火焰辐射、气体浓度等）响应，并自动产生火灾报警信号的器件。按响应火灾参数的不同，火灾探测器分成感温火灾探测器、感烟火灾探测器、感光火灾探测器、可燃气体探测器和复合火灾探测器 5 种基本类型。

（1）感烟式火灾探测器：烟雾探测器就是通过监测烟雾的浓度来实现火灾防范的，烟雾探测器内部采用离子式烟雾传感，离子式烟雾传感器是一种技术先进，工作稳定可靠的传感器，被广泛运用到各种消防报警系统中，性能远优于气敏电阻类的火灾报警器。

（2）感温式火灾探测器：根据其作用原理分为定温式探测器、差温式探测器、差定温式探测器 3 类。定温式探测器是在规定时间内，火灾引起的温度上升超过某个定值时启动报警的火灾探测器。差温式探测器是在规定时间内，火灾引起的温度上升速率超过某个规定值时启动报警的火灾探测器。差定温式探测器结合了定温和差温两种作用原理并将两种探测器结构结合在一起，差定温式探测器一般多是膜盒式或热敏半导体电阻式等点型组合式探测器。

（3）感光式火灾（火焰）探测器：感光式火灾探测器又称火焰探测器，物质燃烧产生烟雾和放出热量的同时，也产生可见或不可见的光辐射。目前使用的火焰探测器有两种，一种是对波长较短的光辐射敏感的紫外探测器，另一种是对波长较长的光辐射敏感的红外探测器。

2）火灾报警装置

在火灾自动报警系统中，用以接收、显示和传递火灾报警信号，并能发出控制信号和具有其他辅助功能的控制指示设备称为火灾报警装置。火灾报警控制器就是其中最基本的一种。火灾报警控制器担负着为火灾探测器提供稳定的工作电源，监视探测器及系统自身的工作状态，接收、转换、处理火灾探测器输出的报警信号，进行声光报警，指示报警的具体部位及时间，同时执行相应辅助控制等诸多任务，是火灾报警系统中的核心组成部分。

（1）感烟火灾报警器：由电离室和电子开关组成的，利用着火前或者着火时产生的烟尘

颗粒发出警报的报警器，如图 5.29（a）所示。这种报警器能在还没有出现火焰的阴燃阶段即能发出警报，所以，它具有报警早的优点。

（2）感温火灾报警器：利用起火时产生的热量来发出警报的报警器，如图 5.29（b）所示。发生火灾时，在火场会产生烟雾、高温和火焰，因此，凡是能够探测烟雾、高温和光亮变化（红外线、紫外线）的仪器都可以用作火灾探测器。

（3）可燃气体探测器：通过探测可燃气体含量进行火灾自动报警的装置。它是由气敏元件、电路和报警器三部分组成的火灾报警设备。这种报警器的工作原理是：当可燃气体的浓度达到危险值时，可燃气体与气敏元件接触起化学反应，改变气敏元件的电阻，使气敏元件产生信号，通过电路传到报警器自动发出报警。

（4）火焰探测器：火焰探测器又称感光式火灾探测器，它是用于响应火灾的光特性，即探测火焰燃烧的光照强度和火焰的闪烁频率的一种火灾探测器，如图 5.29（c）所示。

（a）感烟火灾报警器　　　　（b）感温火灾报警器　　　　（c）火焰探测器

图 5.29　火警报警装置

3）火灾警报装置

在火灾自动报警系统中，用以发出区别于环境声、光的火灾警报信号的装置称为火灾警报装置。它以声、光音响方式向报警区域发出火灾警报信号，以警示人们采取安全疏散、灭火救灾措施。

4）消防控制设备

在火灾自动报警系统中，当接收到火灾报警后，能自动或手动启动相关消防设备并显示其状态的设备，称为消防控制设备，主要包括火灾报警控制器，自动灭火系统的控制装置，室内消火栓系统的控制装置，防烟排烟系统及空调通风系统的控制装置，常开防火门、防火卷帘的控制装置，电梯回降控制装置，以及火灾应急广播、火灾警报装置、消防通信设备、火灾应急照明与疏散指示标志的控制装置等控制装置中的部分或全部。消防控制设备一般设置在消防控制中心，以便于实行集中统一控制。也有的消防控制设备设置在被控消防设备所在现场，但其动作信号则必须返回消防控制室，实行集中与分散相结合的控制方式。

5）电　源

火灾自动报警系统属于消防用电设备，其主电源应当采用消防电源，备用电采用蓄电池。系统电源除为火灾报警控制器供电外，还为与系统相关的消防控制设备等供电。

三、火灾（自动）报警系统的使用

（1）探测器等报警设备不应被遮挡、改动位置或拆除。

（2）不应违章关闭系统，维护时应落实安全措施。

（3）系统应保持正常工作状态。

（4）对火灾自动报警设备系统的报警部位和本单位各火灾监护场所对应的编排应清楚明了。

（5）严格按照制度定期检查和试验。

（6）固定火灾自动报警设备装置工作条件较为苛刻，整个系统连续不间断运行，难免有少量误报，所以值班人员一旦接到报警，消音后应立即赶往现场，确认火灾后，方可采取灭火措施，启动外控其他灭火装置，并向消防部门和主管领导汇报。

（7）由于火灾自动报警设备线路复杂，技术要求较高，而且各生产厂的产品结构、线路形式各异，故障类型较多，所以，除一般常见故障外，火灾自动报警设备的维修应由专业维修人员负责。

四、火灾（自动）报警系统的检修维护

（1）有自检、巡检功能的，可通过扳动自检、巡检开关来检查其功能是否正常。

（2）没有自检、巡检功能的，也可采用给一只探测器加烟（或加温）的方法使探测器报警，来检查集中报警控制器或区域报警控制器的功能是否正常。同时检查复位、消音、故障报警的功能是否正常。如发现不正常，应记录并及时处理。

第八节　七氟丙烷灭火系统

一、七氟丙烷灭火系统概述

七氟丙烷灭火系统是一种高效能的灭火设备（见图 5.30），其灭火剂 HFC-ea 是一种无色、无味、低毒性、绝缘性好、无二次污染的气体，对大气臭氧层的耗损潜能值（ODP）为零，是卤代烷 1211、1301 的替代品之一。七氟丙烷的灭火机理主要是通过物理、化学反应进行热吸收，从而隔绝氧气，降低热量，使燃烧无法进行下去。因而具有冷却周围环境，达到灭火的目的。

图 5.30　七氟丙烷灭火系统

二、七氟丙烷灭火系统的结构及技术参数

1. 七氟丙烷灭火系统适用范围

七氟丙烷灭火系统主要适用于计算机房、通信机房、配电房、油浸变压器、自备发电机房、图书馆、档案室、博物馆及票据、文物资料库等场所，可用于扑救电气火灾、液体火灾或可熔化的固体火灾、固体表面火灾及灭火前能切断气源的气体火灾。

七氟丙烷灭火系统不可用于下列物质的火灾：

（1）氧化剂的化学制品及混合物，如硝化纤维、硝酸钠等。

（2）活泼金属，如钾、钠、镁、铝、铀等。

（3）金属氧化物，如氧化钾、氧化钠等。

（4）能自行分解的化学物质，如过氧化氢等。

2. 结构材质

七氟丙烷自动灭火系统由储存瓶组、储存瓶组架、液流单向阀、集流管、选择阀、三通、异径三通、弯头、异径弯头、法兰、安全阀、压力信号发送器、管网、喷嘴、药剂、火灾探测器、气体灭火控制器、声光报器、警铃、放气指示灯、紧急启动/停止按钮等组成。

七氟丙烷灭火系统属于全淹没灭火系统。分为有管网的贮压、备压式七氟丙烷灭火系统和柜式无管网预制灭火系统两种。

在有管网系统中，贮压式系统又分为内贮压式和外贮压式两类。内贮压式七氟丙烷通常采用灭火剂储瓶充装氮气增压的方式，将七氟丙烷灭火剂和氮气贮存于同一个容器内，而根据其贮存压力和系统工作压力的不同又分为几种不同的规格。

备压式（外贮压式）七氟丙烷灭火系统是将七氟丙烷灭火剂和动力气体分开储存，灭火剂喷放时，把动力气充入灭火剂贮存钢瓶，升高的压力推动灭火剂快速通过管网系统，实现灭火。平时容器内的压力即为灭火剂的饱和蒸汽压，因而可以提高容器的充装密度，通过调整压力和合理配置氮气量，可增强灭火剂的雾化效果，灭火剂的灭火效果有很大改善。

3. 主要技术参数

七氟丙烷柜式灭火装置分为普通型和电器型。普通型和电器型无管网灭火装置又可都分为单瓶装和双瓶装。单瓶装和双瓶装又都可分为 40 L、70 L、90 L、120 L、150 L、180 L 6 种规格。这里主要介绍 70 L、90 L、120 L 的技术参数。

表 5.4　七氟丙烷柜式灭火器参数

产品型号	ZF70	ZF90	ZF120
公称工作压力/MPa	4.2	4.2	4.2
最大工作压力/MPa	6.7	6.7	6.7
喷射时间/s	≤10	≤10	≤10
充装密度 /（kg/m^3）	950	950	950
储存容器容积/L	70	90	120

产品型号	ZF70	ZF90	ZF120
工作温度范围/℃	0～50	0～50	0～50
喷嘴公称工作压力/MPa	1.0	1.0	1.0
单个喷嘴保护半径/m	≤5（一般情况）	≤5（一般情况）	≤5（一般情况）
喷嘴的保护高度/m	0.3～6.5	0.3～6.5	0.3～6.5
系统启动方式	自动手动应急操作	自动手动应急操作	自动手动应急操作
系统灭火技术方式	全淹没	全淹没	全淹没
系统启动电源	24 V，1 A	24 V，1 A	24 V，1 A
安全泄放装置动作压/MPa	9.0±0.45	9.0±0.45	9.0±0.45
系统延时启动时间/s	10～60	10～60	10～60

三、七氟丙烷灭火系统的使用与操作

装置安装竣工后，需经过有关部门验收合格后方可投入使用。该装置的启动方式为自动控制和手动控制两种。一般情况下应使用手动控制，在保护区无人的情况下可以转换为自动控制。

自动控制：将控制盘上的控制方式选择键拨到"自动"位置，灭火系统处于自动控制状态。当保护区域发生火情，火灾探测器发出火灾信号，报警控制器立即发出报警信号，控制盘接收到两个独立的火灾报警信号，发出联动指令，关闭联动设备，经过 30 s 延时，发出灭火指令，打开电磁阀释放气瓶气体，气瓶气体通过启动管路打开灭火剂容器阀释放灭火剂，实施灭火。

手动控制：将控制盘上控制方式选择键拨到"手动"位置，灭火系统处于手动控制状态。当一保护区域发生火情，可按下手动控制盒或控制盘上的启动按钮即可按规定程序启动灭火系统释放灭火剂，实施灭火。在自动控制状态，仍可实现手动控制。

发出火情报警，在延时时间内却发现情况变化不需要启动灭火系统进行灭火时，可按下手动控制盒或控制盘上的紧急停止按钮，即可停止控制器灭火指令的发出。

四、七氟丙烷灭火系统的维护与保养

（1）该系统是一种高效的灭火装置，自动化程度高，密封性能要求严。为了确保工作的可靠性，应按规定建立完善的系统检查和维护保养制度，制订操作规程。对系统应定期检查并做好记录，检查员签名。

（2）自动灭火控制器应有专人负责管理，定期检查。

（3）定期对气体灭火装置进行检查，检查内容及要求应符合下列规定：

① 对储存容器、容器阀、电磁启动器、高压软管、喷嘴、压力表等全部系统部件进行外观检查，应无碰撞变形及其他机械性的损伤、无锈蚀、保护涂层完好，铭牌清晰，手动应急

机械操作装置位置正确。

②　每个灭火剂储存瓶内的灭火剂的压力指示值应在绿色区域内。

③　高压软管应无变形、龟裂和老化现象，必要时应按国家标准对每根高压软管进行水压强度试验和气压密封性试验，或更换。

④　每5年应对储存容器做有无腐蚀和机械损伤的检查，并按国家标准做一次水压强度试验，性能合格时才可继续使用。

⑤　每5年做储存容器检查的同时对有关阀件进行水压强度试验和气密试验。

⑥　对O形圈等橡胶密封件进行抽样检查，观察是否老化、损伤。出现老化现象，应予以更换。

第九节　二氧化碳灭火系统

一、二氧化碳灭火系统概述

二氧化碳灭火系统的二氧化碳灭火剂无毒，不会损坏设备，并且灭火能力极强，是替代卤代烷的较理想型产品。二氧化碳被高压液化后灌装、储存，喷放时体积急剧膨胀并吸收大量的热，可降低火灾现场的温度，同时稀释被保护空间的氧气浓度达到窒息灭火的效果。二氧化碳是一种惰性气体，具有灭火时不污染火场环境，灭火迅速、空间淹没性好，灭火后很快散逸等特点。但应该注意的是，二氧化碳对人体有窒息作用，灭火的同时对人产生毒性危害。因此，二氧化碳灭火系统只能用于无人场所，如在经常有人工作的场所安装使用时应采取适当的防护措施以保障人员的安全。二氧化碳灭火系统有自动灭火、应急手动灭火、现场机械施放灭火和逐瓶开启灭火等4种开启方式。

根据二氧化碳灭火剂自身的特点及灭火方式，二氧化碳灭火系统可以扑救的火灾有：灭火前能切断气源的气体火灾。变压器、油开关、电子设备等电气火灾。液体火灾或石蜡、沥青等可熔化的固体火灾。固体表面火灾及棉毛、织物、纸张等部分固体的深位火灾等。

二氧化碳不能扑灭的火灾有：氰化钾、氰化钠等金属氰化物火灾。钾、钠、镁、钛、锆等活泼金属火灾。硝化纤维、火药等含氧化剂的化学制品火灾。

二氧化碳灭火系统可广泛应用于易燃可燃液体储存容器、易燃蒸气的排气口、可燃油油浸电力变压器、机械设备、实验设备、淬火槽等易发生火灾的重要部位的消防保护，以及图书档案室、精密仪器室、贵重设备室、电子计算机房、电视机房、广播机房、通信机房等场所。

二、二氧化碳灭火系统的结构组成及原理

1. 二氧化碳灭火系统的结构组成

二氧化碳自动灭火系统由气体灭火报警控制系统、火灾探测系统、灭火驱动盘、声光报

警装置、放气门灯、紧急启动按钮、停止按钮、灭火剂储瓶、容器阀、高压软管、选择阀、单向阀、气路控制阀、压力开关、喷嘴、启动钢瓶、管路等主要设备组成，可组成单元独立系统、组合分配系统等多种形式，如图 5.31 和图 5.32 所示，实施对单区或多区的消防保护。

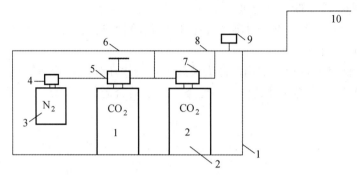

图 5.31   二氧化碳自动灭火器单元独立系统

1—XT 灭火器储瓶框架；2—灭火剂储瓶；3—启动钢瓶；4—电磁阀；5—主动瓶容器阀
6—软管；7—气动阀；8—集流管；9—压力信号器；10—灭火剂输送管道

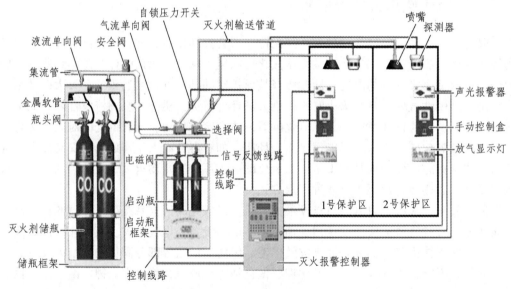

图 5.32   二氧化碳组合分配系统

2．自动控制原理

二氧化碳灭火系统的主要控制内容有火灾报警显示、灭火介质的自动释放灭火、切断保护区内的送排风机、关闭门窗及联动控制等。

当保护区发生火灾时，灾区产生的烟、热及光使保护区设置的两路火灾探测器（感烟、感热）动作，两路信号同时送至消防中心报警控制器上，驱动控制器一方面发声、光报警，另一方面发出联动控制信号（如停空调、关防火门等），待人撤离后再发信号关闭保护区门。从报警开始延时约 30 s 发出指令启动二氧化碳储存容器储存的二氧化碳灭火剂，通过管道输送到保护区，经喷嘴释放灭火。

二氧化碳释放过程的自动控制中压力开关为监测二氧化碳管网压力的设备，当二氧化碳压力过低或过高时，压力开关将压力信号送至控制器，控制器发出开大或关小钢瓶阀门的指令，从而控制二氧化碳的释放，如图 5.33、图 5.34 所示。

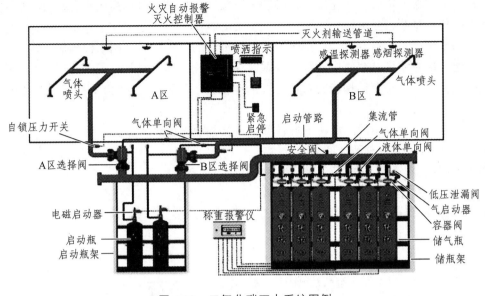

图 5.33　二氧化碳灭火系统图例

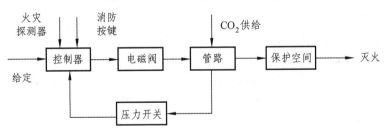

图 5.34　二氧化碳释放过程自动控制

为了实现准确且更为快速的灭火操作，当发生火灾时，可用手直接开启二氧化碳容器阀，或将放气开关拉动，即可喷出二氧化碳。这个开关一般装在房间门口附近墙上的一个玻璃面板内，火灾发生时将玻璃面板击破，就能拉动开关，喷出二氧化碳气体实现快速灭火。

装有二氧化碳灭火系统的保护场所（如变电所或配电室），一般都在门口加装选择开关，可就地选择自动或手动操作方式。当有工作人员进入里面工作时，为防止意外事故，即避免有人在里面工作时喷出二氧化碳影响健康，必须在入室之前把开关转到手动位置，离开关门后复归自动位置。为避免无关人员乱动选择开关，宜采用钥匙型转换开关。

三、使用与管理

（1）为了确保工作的可靠性，应按规定建立完善的系统检查和维护保养制度，制订操作规程。对系统应定期检查并做好记录，检查员签名。

（2）自动灭火控制器应有专人负责管理，定期检查。

（3）定期对气体灭火装置进行检查，检查内容及要求应符合下列规定：对储存容器、容器阀、电磁启动器、高压软管、喷嘴、压力表等全部系统部件进行外观检查，应无碰撞变形及其他机械性的损伤、无锈蚀、保护涂层完好，铭牌清晰，手动应急机械操作装置位置正确。高压软管应无变形、龟裂和老化现象，必要时应按国家标准对每根高压软管进行水压强度试验和气压密封性试验，或更换。

（4）每5年应对储存容器做有无腐蚀和机械损伤的检查，并按国家标准做一次水压强度试验，性能合格时才可继续使用。每5年做储存容器检查的同时对有关阀件进行水压强度试验和气密试验。对O形圈等橡胶密封件进行抽样检查，观察是否老化、损伤。出现老化现象，应予以更换。

（5）本系统灭火启用后，应将下列各部分恢复到原来的位置，方可继续使用：

① 二氧化碳灭火控制器按钮复位。

② 将容器阀恢复原工作状态。

③ 按设计要求重新充装灭火剂。

④ 所有被拆卸过的管路，必须安装正确，保证密封。

第十节　干粉灭火系统

一、干粉灭火系统概述

干粉灭火系统是由干粉供应源通过输送管道连接到固定的喷嘴上，通过喷嘴喷放干粉的灭火系统。干粉灭火系统是石油化工、油船、油库、加油站、港口码头、机场、机库等工程的灭火系统的重要装备。

二、干粉灭火系统的作用原理、组成及分类

1. 干粉灭火系统的作用原理

干粉灭火系统是由干粉储存装置、输送管道和喷头等组成（见图5.35、图5.36），通过惰性气体压力驱动、管道输送后，经喷头喷出实施灭火的固定式或半固定式灭火系统。该系统具有灭火速度快、不导电、对环境条件要求不严格等特点，能自动探测、自动启动系统和自动灭火，广泛适用于港口、列车栈桥输油管线、甲类可燃液体生产线、石化生产线、天然气储罐、储油罐、汽轮机组及淬火油槽和大型变压器等场所。干粉灭火系统灭火剂的类型虽然不同，但其系统灭火机理无非是化学抑制、隔离、冷却与窒息。

干粉在动力气体（氮气、二氧化碳、压缩空气）的推动下射向火焰进行灭火。干粉在灭火过程中，粉雾与火焰接触、混合，发生一系列物理和化学作用，既具有化学灭火剂的作用，同时又具有物理抑制剂的特点。

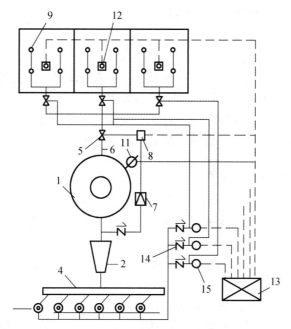

图 5.35　干粉灭火系统组成示意图

1—干粉储罐；2—压力控制器；3—氮气瓶；4—集气管；5—球阀；6—输粉管；7—减压阀；
8—电磁阀；9—喷嘴；10—选择阀；11—压力传感器；12—火灾探测器；
13—消防控制中心；14—单向阀；15—启动气瓶

图 5.36　干粉灭火系统

2. 组　成

干粉灭火系统在组成上与气体灭火系统类似。干粉灭火系统由干粉灭火设备和自动控制两大部分组成。前者有干粉储罐、动力气瓶、减压阀、输粉管道以及喷嘴等。后者有火灾探测器、启动瓶、报警控制器等。

三、干粉灭火系统的使用与操作

1. 使用场所

干粉灭火系统可用于扑灭下列火灾：灭火前可切断气源的气体火灾；易燃、可燃液体和可熔化固体火灾；可燃固体表面火灾；带电设备火灾。

干粉灭火系统不得用于扑灭下列火灾：硝化纤维、炸药等无空气仍能迅速氧化的化学物质与强氧化剂；钾、钠、镁、铁、锆等活泼金属及其氢化物。

2. 火灾时系统的控制与操作

固定式干粉灭火系统按其动作方式可分为手动干粉灭火系统和自动干粉灭火系统两种类型。前者靠手工操作，后者使用火灾探测器探测火灾，然后通过控制盘启动干粉灭火设备。主要程序如下：

（1）消防人员发现火情进行人工操作启动，或火灾探测器动作，再通过控制盘自动启动。

（2）启动机构动作后，把高压气瓶的瓶阀打开。

（3）高压气体进入减压器，经减压后，具有一定压力的气体进入干粉灭火剂储存罐，使干粉罐中的压力很快升高，并使罐中的干粉灭火剂疏松，便于流动。

（4）干粉灭火剂储罐的压力升到规定的数值时，定压动作机构开始动作，而经减压后的部分气体推动控制气缸打开干粉罐口的总阀门，并根据控制盘的指令打开通向着火对象输粉管上的阀门。

（5）干粉灭火剂在气体的带动下，经过控制阀和固定管路到喷头，把干粉灭火剂喷到着火对象，或经过干粉疏散软管带到喷枪，由消防人员操作，把干粉喷到着火对象。

四、干粉灭火系统的检查与保养

1. 系统巡查

干粉灭火系统的巡查主要是针对系统组件外观、现场运行状态、系统监测装置工作状态、安装部位环境条件等的日常巡查。巡查内容：

（1）喷头外观及其周边障碍物等。

（2）驱动气体储瓶、灭火剂储存装置、干粉输送管道、选择阀、阀驱动装置外观。

（3）灭火控制器工作状态。

（4）紧急启/停按钮、释放指示灯外观。

巡查方法：采用目测观察的方法，检查系统及其组件外观、阀门启闭状态、用电设备及其控制装置工作状态和压力监测装置（压力表）的工作情况。

2. 系统周期性检查维护

系统周期性检查是指建筑使用、管理单位按照国家工程消防技术标准的要求，对已经投入使用的干粉灭火系统的组件、零部件等按照规定检查周期进行的检查、测试。

（1）日检查内容：

① 干粉储存装置外观。

② 灭火控制器运行情况。

③ 启动气体储瓶和驱动气体储瓶压力。

（2）月检查内容：

① 干粉储存装置部件是否有碰撞或机械性损伤，防护涂层是否完好。

② 干粉储存装置铭牌、标志、铅封应完好。

③ 驱动气体储瓶充装量。

（3）年度检查内容：

① 防护区及干粉储存装置间。

② 管网、支架及喷放组件。

③ 模拟启动检查。

3. 系统年度检测

1）检测内容及要求

喷头：喷头数量、型号、规格、安装位置和方向符合设计文件要求，组件无碰撞变形或其他机械性损伤，有型号、规格的永久性标识。

储存装置：干粉储存容器的数量、型号和规格，位置与固定方式，油漆和标志符合设计要求。驱动气瓶压力和干粉充装量符合设计要求。

功能性检测：模拟干粉喷放功能检测；模拟自动启动功能检测；模拟手动启动/紧急停止功能检测；备用瓶组切换功能检测。

2）检测步骤

喷头：对照设计文件查看喷头外观。

储存装置：对照设计文件查看干粉储存容器外观；查看驱动气瓶压力表状况，并记录其压力值。

功能性检测：选择试验所需的干粉储存容器，并与驱动装置完全连接。

第十一节　泡沫灭火系统

一、泡沫灭火系统概述

泡沫灭火系统是指泡沫灭火剂与水按一定比例混合，经泡沫产生装置产生灭火泡沫的灭火系统。它也是一种水消防设施，利用泡沫覆盖燃烧物或将保护对象淹没实现灭火。

泡沫灭火剂可扑救可燃易燃液体，它主要是在液体表面生成凝聚的泡沫漂浮层，起窒息和冷却作用。泡沫灭火剂分为化学泡沫、空气泡沫、氟蛋白泡沫、水成膜泡沫和抗溶性泡沫等，适用范围广泛。

泡沫灭火剂是与水混溶，通过机械作用或化学反应产生泡沫进行灭火的药剂。泡沫灭火剂一般由发泡剂、泡沫稳定剂、降黏剂、抗冻剂、助溶剂、防腐剂及水组成。主要用于扑救非水溶性可燃液体及一般固体火灾。特殊的泡沫灭火剂还可以扑灭水溶性可燃液体火灾。

二、泡沫灭火系统的原理、分类、组成及范围

1. 泡沫灭火系统的原理

泡沫是由碳酸氢钠和发泡剂组成的混合溶液。泡沫是一种体积小、质量轻、表面被液体围成的气泡群，是扑救易燃、可燃液体火灾的有效灭火剂。泡沫灭火剂分为化学泡沫和空气机械泡沫两种。化学泡沫由化学反应产生，泡沫中主要是二氧化碳。空气机械泡沫是由水流的机械作用产生，泡沫中主要是空气。它们的灭火原理是相同的。

泡沫喷在着火液体上后，能浮在液面起覆盖作用。泡沫是热的不良导体，有隔热作用，又具有吸热性能，可以吸收液体的热量，使液体表面温度降低，蒸发速度减慢。另外，泡沫之间有一定黏性，阻止液体蒸气穿过，使液体和燃烧区隔绝，当液体完全被泡沫封盖之后，得不到可燃蒸气的补充，火焰被迫熄灭。

保护场所起火后，自动或手动启动消防泵，打开出水阀门，水流经过泡沫比例混合器后，将泡沫与水按规定比例混合成混合液，然后经混合液管道输送到泡沫产生装置，将产生的泡沫施放到燃烧物的表面上，将燃烧物的表面覆盖，从而实施灭火（见图 5.37）。

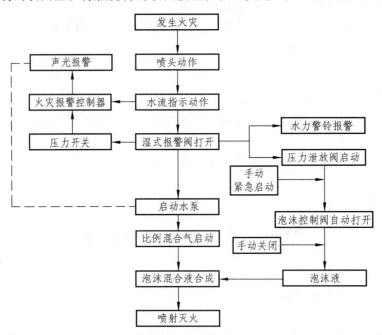

图 5.37　泡沫灭火系统工作原理图

2. 泡沫灭火系统的分类

泡沫灭火系统按泡沫灭火剂的发泡性能分为低倍数（发泡倍数在 20 倍以下）、中倍数（发泡倍数在 20～200 倍）、高倍数（发泡倍数在 200 倍以上）泡沫灭火系统。这 3 类系统又根

据灭火时泡沫喷射方式不同，分为液上喷射、液下喷射和泡沫喷淋系统。按设备安装使用方式，分为固定式、半固定式和移动式泡沫灭火系统。按泡沫灭火系统灭火范围，分为全淹没式和局部应用式泡沫灭火系统。这里，我们选择性地介绍其中 3 种。

1）固定式泡沫灭火系统

固定式泡沫灭火系统由固定的泡沫液消防泵、泡沫液储罐、比例混合器、泡沫混合液的输送管道及泡沫产生装置等组成，并与给水系统连成一体（见图 5.38）。当发生火灾时，先启动消防泵、打开相关阀门，系统即可实施灭火。

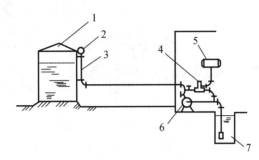

图 5.38　固定式泡沫灭火系统

1—油罐；2—泡沫产生器；3—泡沫混合液管道；4—比例混合器；
5—泡沫液储罐；6—泡沫混合液泵；7—水池

2）半固定式泡沫灭火系统

该系统有一部分设备为固定式，可及时启动，另一部分是不固定的，发生火灾时，进入现场与固定设备组成灭火系统灭火。根据固定安装的设备不同，有两种形式：一种为设有固定的泡沫产生装置、泡沫混合液管道、阀门。当发生火灾时，泡沫混合液由泡沫消防车或机动泵通过水带从预留的接口进入（见图 5.39）。另一种为设有固定的泡沫消防泵站和相应的管道，灭火时，通过水带将移动的泡沫产生装置（如泡沫枪）与固定的管道相连，组成灭火系统。

图 5.39　半固定式液上喷射泡沫灭火系统

1—泡沫消防车；2—油罐；3—泡沫产生器；4—泡沫混合管道；5—地上式消火栓

3）移动式泡沫灭火系统

该系统一般由水源（室外消火栓、消防水池或天然水源）、泡沫消防车或机动消防泵、移动式泡沫产生装置、水带、泡沫枪、比例混合器等组成（见图 5.40）。当发生火灾时，所有移动设施进入现场通过管道、水带连接组成灭火系统。具有使用灵活，不受初期燃烧爆炸影响的优势。但由于是在发生火灾后应用，因此扑救不如固定式泡沫灭火系统及时，同时由于灭火设备受风力等外界因素影响较大，造成泡沫的损失量大，需要供给的泡沫量和强度都较大。

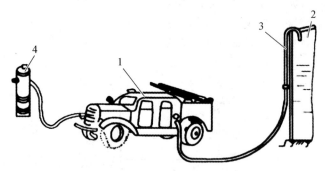

图 5.40　移动式泡沫灭火系统
1—泡沫消防车；2—油罐；3—泡沫钩管；4—地上式消火栓

3. 组成及适用范围

1）组　成

泡沫灭火系统由泡沫比例混合器、泡沫产生装置、泡沫液及其储罐、泡沫消防泵及泡沫泵站、管道、其他附件等组成。

2）运　用

泡沫灭火系统对于扑灭甲、乙、丙类液体火灾和某些固体火灾是最行之有效的灭火手段。由于该系统具有安全可靠、经济实用、灭火效率高、无毒性的特点，从 20 世纪初开始应用至今，目前已在国内外的石油化工企业、油库、地下工程、汽车库、各类仓库、煤矿、大型飞机库、船舶等场所得到广泛的运用。

3）使用范围

泡沫灭火系统的组成及适用范围见表 5.5。

表 5.5　泡沫灭火系统组成及适用范围

名　称	分　类	使用范围
低倍数泡沫灭火系统（20 以下）	液上喷射系统	各类非水溶性甲、乙、丙类液体储罐和水溶性甲、乙、丙类液体的固定顶或内浮顶储罐
	液下喷射系统	适用于非水溶性液体固定顶储罐
	半液下喷射系统	适用于甲、乙、丙类可燃液体固定顶储罐
	泡沫炮系统	（1）直径小于 18 m 的非水溶性液体固定顶储罐。 （2）围堰内的甲、乙、丙类液体流淌火灾。 （3）甲、乙、丙类液体汽车槽车栈台或火车槽车栈台。 （4）室外甲、乙、丙类液体流淌火灾。 （5）飞机库

续表

名　称	分　类	使用范围
中倍数泡沫灭火系统（20~200）	全淹没系统	一般用于小型场所
	局部应用系统	适用于四周不完全封闭的 A 类火灾场所，限定位置的流散 B 类火灾场所，固定位置面积不大于 $100\ m^2$ 的流淌 B 类火灾场所
	移动式系统	适用于发生火灾的部位难以确定的场所。移动式中倍数泡沫灭火系统用于 B 类火灾场所，需要泡沫产生器喷射泡沫有一定射程，所以其发泡倍数不能太高，通常采用吸气型中倍数泡沫枪，发泡倍数在 50 以下，射程一般为 10~20 m。因此，移动式中倍数泡沫灭火系统只能应用于较小火灾场所，或做辅助设施使用
	油罐用中倍数泡沫灭火系统	采用液上喷射形式。选用中倍数泡沫灭火系统的油罐仅限于丙类固定顶与内浮顶油罐，单罐容量小于 $10\ 000\ m^3$ 的甲、乙类固定顶与内浮顶油罐
高倍数泡沫灭火系统（200 以上）	全淹没系统	特别适用于大面积有限空间内的 A 类和 B 类火灾的防护。有些被保护区域可能是不完全封闭空间，但只要被保护对象是用不燃烧体围挡起来，形成可阻止泡沫流失的有限空间即可。围墙或围挡设施的高度应大于该保护区域所需要的高倍数泡沫淹没深度
	局部应用系统	用于四周不完全封闭的 A 类火灾与 B 类火灾场所，也可用于天然气液化站与接收站的集液池或储罐围堰区。液化天然气液化站与接收站设置高倍数泡沫灭火系统，有 2 个目的，一是当液化天然气泄漏尚未着火时，用适宜倍数的高倍数泡沫将其盖住，可阻止蒸气云的形成。二是当着火后，覆盖高倍数泡沫控制火灾，降低辐射热，以保护其他相邻设备等
	移动式系统	主要用于发生火灾的部位难以确定或人员难以接近的场所，流淌的 B 类火灾场所，发生火灾时需要排烟、降温或排除有害气体的封闭空间

三、泡沫灭火系统的操作使用

（1）启动消防水泵，待压力升高至规定值时，开启使用处消防管的消火栓。

（2）当消防栓出口有水流出时，打开泡沫柜阀门，引出柜内泡沫剂在消防管内混合成泡沫液，经喷枪喷出。

（3）站在上风侧，根据火场情况，将泡沫枪对准火场施放。

（4）当使用中等泡沫液（6%~8%）灭火时，泡沫柜阀只能开 1/4~1/3 的开度，要求在 30 s 内达到准确开启。

（5）灭火后先关泡沫柜阀，后关引水或停止消防泵工作。

四、泡沫灭火系统的检查及维护管理

1. 系统维护管理要求

（1）泡沫灭火系统的使用或管理单位应由经过专门培训的人员负责系统的管理操作和维

护，维护管理人员应熟悉泡沫灭火系统的原理、性能和操作维护规程。

（2）泡沫灭火系统竣工时，应具有下列文件资料：系统竣工图及设备的技术资料；公安消防机构出具的有关法律文书；系统的操作规程及维护保养管理制度；系统操作人员名册及相应的工作职责。

（3）泡沫灭火系统投入运行时，维护、管理应具备下列资料：组件的安装使用说明书；操作规程和系统流程图；值班员职责；系统维护管理记录。

（4）单位应建立泡沫灭火系统故障报告和故障消除的登记制度。发生故障应当及时组织修复。因故障、维修等原因，需要暂时停用系统的，应当经单位消防安全责任人批准，系统停用时间超过 24 h 的，在单位消防安全责任人批准的同时，应当报当地公安消防机构备案，并采取有效措施确保安全。

（5）泡沫灭火系统投入使用后应保证其处于正常运行或准工作状态，不得擅自断电、停运或长期带故障运行。

（6）设有泡沫灭火系统的消防安全重点单位的年度检测报告或联动检查记录应在每年年底前，报当地公安消防机构备案。

2. 系统的每周、月检查试验

（1）每周应对消防泵和备用动力进行一次启动试验。

（2）每月应对低、中、高倍数泡沫产生器，泡沫喷头，固定式泡沫炮，泡沫比例混合器（装置），泡沫液储罐进行外观检查，应完好无损。

（3）每月应对固定式泡沫炮的回转机构、仰俯机构或电动操作机构进行检查，性能应达到标准要求。

（4）每月应对泡沫消火栓和阀门进行一次检查，阀门的开启与关闭应自如，不应锈蚀。

（5）每月应对压力表、管道过滤器、金属软管、管道及管件进行检查，仪表、器件、管件不应有损伤。

（6）每月应对遥控功能或自动控制设施及操纵机构进行检查，性能应符合设计要求。

（7）每月应对储罐上的低、中倍数泡沫混合液立管清除锈渣。

（8）每月应对动力源和电气设备工作状况进行检查，工作状况应良好。

3. 系统的每半年及年度检查试验

（1）系统每半年除储罐上泡沫混合液立管和液下喷射防火堤内泡沫管道及高倍数泡沫产生器进口端控制阀后的管道外，其余管道应全部清洗，清除锈渣。

（2）系统每年应进行一次自动启动检查试验。检查试验方法：低、中倍数泡沫灭火系统选择一最不利的防护区，高倍数泡沫灭火系统任选一防护区，使防护区内感烟、感温探测器分别发出模拟火灾信号，观察并记录泡沫灭火装置动作情况及相关设施的动作情况和控制室消防控制设备信号显示情况。

（3）系统每年应进行一次远程启动试验。检查试验方法：在控制室消防控制设备上手动启动一防护区的泡沫灭火装置，观察泡沫灭火装置动作情况及相关设施动作情况和消防控制设备信号显示情况。

（4）系统每年应进行一次紧急按钮启动检查试验。检查试验方法：手动启动一防护区外泡沫灭火装置的紧急启动按钮，观察泡沫灭火装置动作情况及相关设施动作情况和消防控制设备信号显示情况。

（5）系统检查和试验完毕，应对泡沫液泵或泡沫混合液泵、泡沫液管道、泡沫混合液管道、泡沫管道、泡沫比例混合器（装置）、泡沫消火栓、管道过滤器或喷过泡沫的泡沫产生装置等用清水冲洗后放空，复原系统。

第十二节　自动喷淋灭火系统

一、概　述

自动喷淋灭火系统是一套消防灭火装置，是目前应用十分广泛的一种固定消防设施。自动喷淋灭火系统分为湿式、干式、预作用、雨淋系统、水幕系统等几类。

1. 湿式自动喷水灭火系统

湿式自动喷水灭火系统，是世界上使用时间最长，应用最广泛，控火、灭火率最高的一种闭式自动喷水灭火系统，目前世界上已安装的自动喷水灭火系统中有70%以上采用了湿式自动喷水灭火系统。

湿式系统的特点是：

（1）结构简单，施工方便，经济性好。

（2）灭火速度快，控制率高。

（3）适用范围广，适用于设置在温度不低于4℃且不高于70℃的建筑物、构筑物内。

2. 干式自动喷水灭火系统

干式自动喷水灭火系统是由湿式自动喷水灭火系统发展而来的，平时管网内充满压缩空气或氮气。系统由闭式喷头、管道系统、充气设备、干式报警阀、报警装置和供水设施等组成。

干式自动喷水灭火系统的特点是：

（1）报警阀后的管道中无水，不怕冻结，不怕温度高。

（2）由于喷头动作后的排气过程，所以灭火速度较湿式系统慢。

（3）因为有充气设备，建设投资较高，平常管理也比较复杂、要求高。

（4）适用于环境在4℃以下和70℃以上而不宜采用湿式自动喷水灭火系统的地方。

3. 预作用自动喷水灭火系统

预作用自动喷水灭火系统通常安装在那些既需要用水灭火但又绝对不允许发生非火灾泡水的地方，如图书馆、档案馆及计算机房等。

预作用自动喷水灭火系统的特点是：

（1）具有干式自动喷水灭火系统平时无水的优点，在预作用阀以后的管网中平时不充水，而充加压空气或氮气，或是干管，只有在发生火灾时，火灾探测系统自动打开预作用阀，才使管道充水变成湿式系统，可避免因系统破损而造成的水渍损失。

（2）没有干式自动喷水灭火系统必须待喷头动作后排完气才能喷水灭火、延迟喷头喷水时间的缺点。

4. 雨淋自动喷水灭火系统

雨淋自动喷水灭火系统主要适用于需大面积喷水，要求快速扑灭火灾的特别危险场所。

雨淋自动喷水灭火系统的特点是：

（1）系统灭火控制面积大、出水量大、灭火及时。由于开式喷头向系统保护区域内同时喷水，能有效地控制火灾，防止火灾蔓延，耗水量也较大。

（2）系统反应速度快，灭火效率高。由于是采用火灾探测传动控制系统来开启系统，从火灾发生到探测装置动作并开启雨淋系统灭火的时间，比闭式系统喷头开启的时间短。如果采用充水式雨淋系统，反应速度更快，更有利于快速出水灭火。

（3）在实际应用中，系统形式的选择比较灵活。但不论哪种形式，其自动控制部分需要很高的可靠性，否则易产生误动作。因喷水面积过大，且没有过火之处也喷水，因此会造成极大的水渍损失，其应用应慎重。

5. 水幕自动喷水灭火系统

水幕自动喷水灭火系统是由水幕喷头、管道和控制阀等组成的喷水系统，其作用是阻止、隔断火情，同时还可以与防火幕配合使用进行灭火。可以起冷却、阻火、防火分隔的一种自动喷水系统，但不直接进行灭火。水幕系统的工作过程与雨淋喷水灭火系统相同。在功能上两者的主要区别是，水幕喷头喷出的水形成水帘状，因此水幕系统不是直接用于扑灭火灾，而是与防火卷帘、防火幕配合使用，用于防火隔断、防火分区及局部降温保护等。消防水幕按其作用可分为3种类型：冷却型、阻火型及防火型。

水幕自动喷水灭火系统的特点是：

（1）是自动喷水灭火系统中唯一的一种不以灭火为主要目的的系统。

（2）可安装在舞台口、门窗、孔洞用来阻火、隔断火源，使火灾不致通过这些通道蔓延。

（3）可以配合防火卷帘、防火幕等一起使用，用来冷却这些防火隔断物，以增强它们的耐火性能。

（4）可作为防火分区的手段，在建筑面积超过防火分区的规定要求，而工艺要求又不允许设防火隔断物时，可采用水幕系统来代替防火隔断设施。

自动喷淋灭火系统主要由喷头组、水流指示器、报警阀组、压力开关、管网、消防水泵、阀门等组成。自动喷淋灭火系统由于自身具有价格低廉、使用方便、安全可靠等特点，现在已经广泛应用于各类民用建筑、公共场所、工厂厂房、库房、石油化工等场所。

自动喷淋灭火系统因不需要人员的操作灭火，有以下的优点：

（1）火灾初期自动喷水灭火，着火面积小，用水量少。

（2）灭火成功率高，达90%以上，损失小，无人员伤亡。

（3）目的性强，直接面对着火点，灭火迅速，不会蔓延。

二、原　理

如图 5.41 所示，发生火灾时，火焰或高温气流使闭式喷头的热敏感元件动作，喷头开启，喷水灭火。此时，管网中的水由静止变为流动，使水流指示器动作送出电信号，在报警控制器上指示某一区域已在喷水。由于喷头开启持续喷水泄压造成湿式报警阀上部水压低于下部水压，在压力差的作用下，原来处于关闭状态的湿式报警阀就自动开启，压力水通过报警阀流向灭火管网，同时打开通向水力警铃的通道，水流冲击水力警铃发出声响报警信号。控制中心根据水流指示器或压力开关的报警信号，自动启动消防水泵向系统加压供水，达到持续自动喷水灭火的目的。

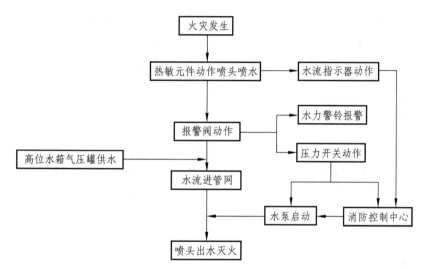

图 5.41　湿式自动喷水灭火系统原理图

三、结构及技术参数

湿式自动喷水灭火系统由喷头组、报警阀组、管网、火灾探测器、手动火灾报警系统、火灾报警控制器等组成。

1. 喷　头

1）喷头公称口径和接口螺纹

消防喷淋系统喷头的公称口径和接口螺纹具体标准见表 5.6。

表 5.6　喷头的公称口径和接口螺纹

公称口径/mm	接口螺纹/in
10	R1/2, R3/8
15	R1/2
20	R3/4

2）喷头类型

按喷头的洒水分布类型、热响应类型和安装位置等特性可将喷头分为下列类型：

通用型喷头：ZSTP；直立型喷头：ZSTZ；下垂型喷头：ZSTX；直立边墙型喷头：ZSTBZ；下垂边墙型喷头：ZSTBX；通用边墙型喷头：ZSTBP；水平边墙型喷头：ZSTBS；齐平式喷头：ZSTDQ；嵌入式喷头：ZSTDR；隐蔽式喷头：ZSTDY；干式喷头：ZSTG。

3）喷头颜色及对应温度

消防喷淋系统的喷头颜色及对应的温度见表 5.7。

表 5.7　消防喷淋系统的喷头颜色及对应的温度

玻璃球喷头		易熔元件喷头	
公称动作温度/℃	液体色标	公称动作温度/℃	轭臂色标
57	橙	57～77	无色
68	红	80～107	白
79	黄	121～149	蓝
93	绿	163～191	红
107	绿	204～246	绿
121	蓝	260～302	橙
141	蓝	320～343	橙
163	紫		
182	紫		
204	黑		
227	黑		
260	黑		
343	黑		

4）喷头工作原理

喷头有规定的洒水形状和流量，在热的作用下，按预定的温度范围自行开启进行灭火。喷头作为系统的终端，最终目标是实现灭火功能。可燃物起火后，燃烧生成的热量首先向上升，在屋顶聚集。喷头的感温元件被周围的热空气加热，温度逐渐上升，最终达到公称动作温度，从而完成火灾的探测和确认。感温元件达到公称动作温度后便自动损毁，其支撑的喷头口上的封水盖脱落，喷头口即被开启。喷头安装到系统中后，时刻处于待命状态，需要动作的时间不定，喷头需要满足长时间仍能保持不漏水以及火灾发生时喷头喷水的性能要求。

5）喷头的选用

湿式系统的喷头按照以下规定选择：

（1）不做吊顶的场所，当配水支管布置在梁下时，应采用直立型喷头。

（2）吊顶下布置的喷头，应采用下垂型喷头或吊顶型喷头。

（3）顶板为水平面的轻危险级、中危险级Ⅰ级居室和办公室，可采用边墙型喷头。

（4）自动喷水-泡沫联用系统应采用洒水喷头。

（5）易受碰撞的部位，应采用带保护罩的喷头或吊顶型喷头。

6）喷头的安装规范

（1）喷淋头安装间距一般为直径 3.6 m，半径 1.8 m。

（2）喷淋头最大保护面积为 12.5 m²。

（3）喷淋头距墙不能小于 300 mm。

（4）当喷淋头与吊顶距离大于 80 mm，且吊顶内有可燃物时需使用上下喷。

2. 报警阀组

1）报警阀组的组成

报警阀组主要包括：湿式报警阀、延时器、压力开关、水力警铃、水源蝶阀和压力表等（见图 5.42）。其中，湿式报警阀是一个起止回阀，在开启时又能报警的具有两种作用合为一体的阀门，主要由阀体和阀瓣组成，在阀体座圈的密封面上，有通往延时器和水力警铃的沟槽及小孔。阀瓣将消防喷水系统分隔为系统侧和水源侧。当火灾发生时，系统侧喷头动作喷水，阀瓣在压差作用下自动开启，水流经圈的沟槽及小孔流向延时器，再流向压力开关和水力警铃。水力警铃发出报警声响的同时压力开关动作，输出电信号启动喷淋泵进行灭火。

图 5.42 湿式报警阀组

2）报警阀组的原理

湿式报警阀装置长期处于伺应状态，系统侧充满工作压力的水，自动喷水灭火系统控制区内发生火警时，系统管网上的闭式洒水喷头中的热敏感元件受热爆破自动喷水，湿式报警阀系统侧压力下降，在压差的作用下，阀瓣自动开启，供水侧的水流入系统侧对管网进补水，整个管网处于自动喷水灭火状态。同时，少部分水通过座圈上的小孔流向延迟器和水力警铃，在一定压力和流量的情况下，水力警铃发出报警声响，压力开关将压力信号转换成电信号，启动消防水泵和辅助灭火设备进行补水灭火，装有水流指示器的管网也随之动作，输出电信号，使系统控制终端及时发现火灾发生的区域，达到自动喷水灭火和报警的目的。

3）报警阀组的保养维护

（1）经常检查水源蝶阀是否处于全开状态。

（2）经常检查湿式报警阀上下腔压力是否为系统设计压力。注意：在正常情况下，上下腔压力表读数是不同的，若发现两表读数完全相同，且经检查，发现所有试警铃阀和喷头均没开启，则说明系统某处有泄漏。

（3）每月按湿式报警阀调试方法开启试验装置进行报警功能试验。

（4）每年应拆卸报警阀阀瓣检查密封橡胶垫片及清除沉淀在阀腔内的杂物，同时清洗过滤器。

3. 管　网

1）管网组成

管网由配水干管、配水管、配水支管组成，是消防给水的脉络。消防水由给水管网传递到火灾的位置。

2）管网铺设方式

不同位置的管网有不同的铺设方式，主要有枝状、环状和栅状，3 种方式的比较见表 5.8。

表 5.8　消防管网铺设方式比较

管网的布置形式	供水是否有利	水力计算难易	技术经济比较
枝状管网	差	易	差
环状管网	较好	中	较经济
格栅状管网	好	难	经济

3）管网的保养维护

（1）成立管网管理专职机构，明确管理职责。

（2）加强管网日常检查，发现问题及时上报解决。

（3）重视管道养护，加大管网养护的投入，切实加强现有设施的维护管理。

（4）加强管网系统运行管理的科学化与信息化。

4. 消防水箱

1）消防水箱的工作原理

消防水箱是指设置在地面标高以上的储存或者转输消防水量的水箱，包括消防水箱和中间消防水箱。消防水箱设在建筑的最高部位，储存全部或者部分消防水量，消防用水重力自流至消防给水管网（见图 5.43）。消防水箱设置的目的，一是提供系统启动的初期用水量和水压，在消防水泵出现故障的紧急情况下供水。二是利用高位差为系统提供准备工作状态下所需的水压。

图 5.43 高位水箱

2）消防水箱设置规范

室内消防水箱（包括分区给水系统的分区水箱）应储存 10 min 的消防用水量，当室内消防用水量不超过 25 L/s，经计算水箱消防储水量超过 12 m³，仍可采用 12 m³。当室内消防用水量超过 25 L/s，经计算水箱消防储水量超过 18 m³，仍可采用 18 m³。

3）消防水箱的保养维护

（1）检查外观（破损、渗漏等），水质、水量核对。

（2）对易污染、易腐蚀生锈的管道、阀门定期清洁、除锈、注润滑油。

（3）检查水位传感器、显示装置外观、运行情况，检查电气线路情况，可测试自动进水装置及水位告警。

5. 火灾探测器

1）火灾探测器分类

火灾探测器按针对火灾特种参数的不同，分为感烟、感温、感光、气体、复合 5 个类型。

2）火灾探测器原理

（1）感烟探测器原理。

在火灾初期，由于温度较低，物质多处于阴燃阶段，所以产生大量烟雾。烟雾是早期火灾的重要特征之一，感烟式火灾探测器就是利用这种特征而开发的，能够对可见的或不可见的烟雾粒子响应的火灾探测器。它是将探测部位烟雾浓度的变化转换为电信号实现报警目的的一种器件。

（2）感温探测器原理。

感温探测器可分为定温式探测器、差温式探测器、差定温式探测器 3 类。

① 定温式探测器。定温式探测器是在规定时间内，火灾引起的温度上升超过某个定值时启动报警的火灾探测器。它有线型和点型两种结构，其中线型是当局部环境温度上升达到规定值时，可熔绝缘物熔化使两导线短路，从而产生火灾报警信号。点型定温式探测器利用双金属片、易熔金属、热电偶热敏半导体电阻等元件，在规定的温度值上产生火灾报警信号。

② 差温式探测器。差温式探测器是在规定时间内，火灾引起的温度上升速率超过某个规定值时启动报警的火灾探测器。它也有线型和点型两种结构。线型差温式探测器是根据广泛的热效应而动作的，点型差温式探测器是根据局部的热效应而动作的，主要感温器件是空气膜盒、热敏半导体电阻元件等。

③ 差定温式探测器。差定温式探测器结合了定温和差温两种作用原理并将两种探测器结构组合在一起，差定温式探测器一般多是膜盒式或热敏半导体电阻式等点型组合式探测器。

（3）感光探测器原理。

感光探测器分为紫外感光探测器、红外感光探测器 2 种：

① 紫外感光探测器工作原理：在紫外光敏管的玻壳内有两根高纯度的钨丝或钼丝电极。当电极受到紫外光辐射后立即发出电子，并在两电极间的电场中被加速。这些加速后的电子（动能携带者）与玻壳内的氢、氦气体分子发生碰击而被离化，发生连锁反应造成"雪崩"式的放电，使紫外光管由断开变为导通输出报警信号。

② 红外感光探测器工作原理：红外感光探测器是利用火焰的红外辐射和闪烁效应进行火灾探测。由于红外光谱的波长较长，烟雾粒子对其吸收和衰减远比波长较短的紫外光及可见光弱，因此在大量烟雾的火场，即使距火焰一定距离仍可使红外光敏元件响应，具有响应时间短的特点。

（4）可燃气体探测器原理。

可燃气体探测器有催化型、红外光学型 2 种类型：

① 催化型可燃气体探测器是利用难熔金属铂丝加热后的电阻变化来测定可燃气体浓度。当可燃气体进入探测器时，在铂丝表面引起氧化反应（无焰燃烧），其产生的热量使铂丝的温度升高，而铂丝的电阻率便发生变化。

② 红外光学型是利用红外传感器通过红外线光源的吸收原理来检测现场环境的碳氢类可燃气体。

3）火灾探测器选用

（1）探测区域的每个房间应至少设置一只火灾探测器。

（2）感烟火灾探测器和 A1、A2、B 型感温火灾探测器的保护面积和保护半径，根据表 5.9 确定。C、D、E、F、G 型感温火灾探测器的保护面积和保护半径，应根据生产企业设计说明书确定。

表 5.9　感烟火灾探测器和 A1、A2、B 型感温火灾探测器的保护面积和保护半径

火灾探测器的种类	地面面积 S/m^2	房间高度 h/m	一只探测器的保护面积 A 和保护半径 R					
			屋顶坡度 θ					
			$\theta \leq 15°$		$15° < \theta \leq 30°$		$\theta > 15°$	
			A/m^2	R/m	A/m^2	R/m	A/m^2	R/m
感烟火灾探测器	$S \leq 80$	$h \leq 12$	80	6.7	80	7.2	80	8.0
	$S > 80$	$6 < h \leq 12$	80	6.7	100	8.0	120	9.9
		$h \leq 6$	60	5.8	80	7.2	100	9.0
感温火灾探测器	$S \leq 30$	$h \leq 8$	30	4.4	30	4.9	30	5.5
	$S > 30$	$h \leq 8$	20	3.6	30	4.9	40	6.3

（3）感烟火灾探测器、感温火灾探测器的安装间距，应根据探测器的保护面积 A 和保护半径 R 确定。

（4）当屋顶有热屏障时，点型感烟火灾探测器下表面至顶棚或屋顶的距离，应符合表 5.10 的规定。

表 5.10 点型感烟火灾探测器下表面至顶棚或屋顶的距离

探测器的安装高度 h/m	点型感烟火灾探测器下表面至顶棚或屋顶的距离 d/mm					
	顶棚或屋顶坡度 θ					
	$\theta \leqslant 15°$		$15° < \theta \leqslant 30°$		$\theta > 30°$	
	最小	最大	最小	最大	最小	最大
$h \leqslant 6$	30	200	200	300	300	500
$6 < h \leqslant 8$	70	250	250	400	400	600
$8 < h \leqslant 10$	100	300	300	500	500	700
$10 < h \leqslant 12$	150	350	350	600	600	800

4）火灾探测器的保养维护

（1）探测器应在即将调试前方可安装，在安装前应妥善保管。并应采取相应的防尘、防潮、防腐蚀措施。

（2）探测器应注意防尘，防尘罩必须在工程正式投入使用后方可摘下。

（3）探测器每年至少清洁一次，以保证系统的正常运行。

（4）工程上如发现探测器有经常性误报的现象，则及时更换探测器。

6. 手动火灾报警系统

1）手动火灾报警系统的组成

手动火灾报警系统主要由消火栓报警按钮（见图 5.44）、手动报警按钮（见图 5.45）及消防电话组成。

图 5.44 消火栓报警按钮　　　　图 5.45 手动报警按钮

2）手动火灾报警系统的工作原理

报警按钮采用现代工艺 SMT 技术，内置微处理器，随时检测启动按钮的状态是否正常，避免因启动开关的老化造成误报。报警时有一组无源常开触点输出，可同时驱动声光报警器或其他报警器件。

3）手动火灾报警系统的保养维护

消火栓报警按钮、手动报警按钮及消防电话应该在日常的时候检查其是否损坏，如果有损坏应当及时更换。平时不要用力按压或击打。

7. 火灾报警控制器

1）火灾报警控制器工作原理

火灾报警控制器是火灾自动报警系统的核心，一般通过两总线与火灾探测器、输入输出模块等部件相连，为现场设备提供电源，并通过总线接收部件返回的检测数据、报警信息、状态信息等，并进行分析、处理，发出联动控制命令，通过输出模块启动现场消防设备。

2）火灾报警控制器结构

JB-TG-TC3000 火灾报警控制器（联动型）采用柜式结构安装，其典型配置包括：主控制器、总线控制盘、专线控制盘、电源盘等。每台控制器最多可扩展至 64 回路，单机容量可达 13 760 点：（200 报警点或联动点+15 台显示器）×64 回路。每一专线联动控制单元可以控制 14 组联动设备，并可扩展至 16 块专线联动控制单元。每一总线联动控制单元可控制 50 个联动点，显示其状态，并可扩展至 32 块总线联动控制单元。

JB-TG-TC3000 火灾报警控制器系统集报警、联动于一体，通过总线、多线的控制不但能完成报警、一般消防设备的启/停控制等功能，并能实现对重要消防设备的控制（见图 5.46）。

图 5.46 JB-TG-TC3000 火灾报警控制器（联动型）

3）JB-TG-TC3000 火灾报警控制器使用说明

控制面板指示灯说明如下：

主电工作灯：绿色，当控制器由 AC 220 V 电源供电工作时，此灯点亮。

备电工作灯：绿色，当控制器由备电供电工作时，此灯点亮。

火警灯：红色，此灯亮表示控制器检测到外接探测器处于火警状态，具体信息见液晶显示。火警排除后，按"复位"键此灯熄灭。

故障灯：黄色，此灯亮表示控制器检测到外部设备（探测器、模块或火灾显示盘）有故障，或控制器本身出现故障，具体信息见液晶显示。故障排除后，按"复位"键此灯熄灭。

传输故障灯：黄色，当与传输设备间连接线短路、断路或通信异常时此灯亮。通信恢复正常后，此灯熄灭。

传输状态灯：红色，当发生火警、故障等信息时，控制器向传输设备发送信息，此时该灯闪亮。当控制器接收到传输设备回答信息时，此灯常亮。

备电故障灯：黄色，当控制器的备用电源系统出现故障，此灯亮。备用电源系统故障排除后，此灯熄灭。

启动灯：红色，此灯亮表示控制器对外接设备发出启动命令或收到外接设备动作反馈信号。当启动后，启动点无回答，则启动灯闪亮。当启动点有回答后，启动灯常亮。具体信息见液晶显示。按"复位"键，此灯熄灭。

反馈灯：红色，此灯亮表示控制器收到外接设备动作反馈信号。无反馈信号输入时，此灯熄灭。

隔离灯：黄色，当外部设备（探测器、模块或火灾显示盘）发生故障时，可将它隔离掉，待修理或更换后，再利用释放功能将设备恢复。有隔离设备存在时此灯亮。

手动允许灯：绿色，此灯亮表示可通过主控键盘或手动消防启动盘对联动设备进行启动和停动的操作，否则不能进行上述操作。

自动允许灯：绿色，此灯亮表示当满足联动条件后，系统自动对联动设备进行联动操作。否则不能进行自动联动。

消音指示灯：绿色，当控制器发出报警音响时，按"消音"键消音指示灯点亮，扬声器终止发出警报。如再次按下"消音"键或有新的警报发生时，消音指示灯熄灭，再次发出警报声。

声光故障灯：当声光发生断线或短路故障时，此灯亮。故障恢复后，此指示灯熄灭。

警报启动灯：当声光启动时，此灯亮。声光停止后，此指示灯熄灭。

喷洒允许：控制器气体灭火自动允许时，此指示灯亮。

气体喷洒：接收到气体灭火喷洒信息时，此指示灯亮。

系统故障：当系统程序不能正常工作时，此指示灯亮

四、使用说明及操作

湿式自动喷水灭火系统分为自动、手动控制两个部分：

1）自动控制

当火灾探测器检测到火灾的发生，会自动触发喷水灭火系统。

2）手动控制

（1）敲碎相应保护区域内的手报按钮的易碎玻璃。

（2）打开相应区域喷淋阀组的紧急启动球阀。

（3）若系统不能打开喷淋阀组的电磁阀，当确认发生火灾时，如果不能电动打开电磁阀：

① 在现场打开喷淋阀组"紧急启动阀"。

② 手动开启消防水泵。

（4）当系统误喷时，手动关闭现场喷淋阀组的进出口闸阀。

五、保养维护

（1）自动喷水灭火系统应具有管理、检测、维护规程，并应保证系统处于准工作状态。

（2）维护管理人员应熟悉自动喷水灭火系统的原理、性能和操作维护规程。

（3）维护管理人员每天应对水源控制阀、报警阀组进行外观检查，并应保证系统处于无故障状态。

（4）每年应对水源的供水能力进行一次测定。

（5）消防水池、消防水箱及消防气压给水设备应每月检查一次，并应检查其消防储备水位及消防气压给水设备的气体压力。同时，应采取措施保证消防用水不作它用，并应每月对该措施进行检查，发现故障应及时进行处理。

（6）消防水池、消防水箱、消防气压给水设备内的水应根据当地环境、气候条件不定期更换。更换前，负责自动喷水灭火系统的专职或兼职管理人员应向领导报告，并报告当地消防监督部门。

（7）寒冷季节，消防储水设备的任何部位均不得结冰。每天应检查设置储水设备的房间，保持室温不低于 5 ℃。

（8）每两年应对消防储水设备进行检查，修补缺损和重新油漆。

（9）钢板消防水箱和消防气压给水设备的玻璃水位计，两端的角阀在不进行水位观察时应关闭。

（10）消防水泵应每月启动运转一次，内燃机驱动的消防水泵应每周启动运转一次。当消防水泵为自动控制启动时，应每月模拟自动控制的条件启动运转一次。

（11）电磁阀应每月检查并应做启动试验，动作失常时应及时更换。

（12）每个季度应对报警阀旁的放水试验阀进行一次供水试验，验证系统的供水能力。

（13）系统上所有的控制阀门均应采用铅封或锁链固定在开启或规定的状态，每月应对铅封、锁链进行一次检查，当有破坏或损坏时应及时修理更换。

（14）室外阀门井中，进水管上的控制阀门应每个季度检查一次，核实其处于全开启状态。

（15）消防水泵接合器的接口及附件应每月检查一次，并应保证接口完好、无渗漏、闷盖齐全。

第十三节　消防水带

一、概　述

消防水带通常是指由经纬线编织的筒状织物层和衬里（或覆盖层）通过蒸汽硫化或胶粘剂组合而成的一定长度的柔软可盘卷的圆形或扁平管状体。由于消防水带品种较多，其结构也具有多种类型。

消防水带按用途可分为 4 类：

（1）作战消防水带。在突发火灾的事故现场（如工厂、高层建筑等）供专业消防人员灭火用的消防水带。

（2）输送消防水带。用于消防泵与消防车、消防车与消防车或其他工农业场合远距离大量输水的水带，通常分为低压输水和高压输水两种水带。

（3）森林消防水带。用于森林、园林、草场等野外灭火的水带，口径较小。

（4）吸水管。借助真空作用从无压水源，如湖泊、河流或水井中抽水或吸水的软管。

消防水带按结构可分为 3 类：

（1）无衬里消防水带。水带没有衬里，只有麻、棉等织物层的水带，现已淘汰。

（2）有衬里消防水带。指织物层中有橡胶、PVC、TPU 等作为衬里的消防水带。根据编织层外部结构可细分为无涂层水带、涂层水带和双面胶水带，其中涂层水带和双面胶水带具有较好的耐磨、耐老化、耐油和耐化学品腐蚀性能及方便清洁的优点。根据编织层自身结构可细分为单层织物水带和双层织物水带。

（3）消防湿水带。相对于有衬里水带而言，其带体上有排列规整的针孔，在一定的压力下，水带中的灭火介质能够均匀地渗漏并湿润带体，在火场起到保护水带的作用。

我国现行的消防水带方面的规范为《消防水带》（GB 6246—2011）。

二、原　理

消防水带是用来运送高压水或泡沫等阻燃液体的软管。传统的消防水带以橡胶为内衬，外表面包裹着亚麻编织物。先进的消防水带则用聚氨酯等聚合材料制成。消防水带的两头都有金属接头，可以接上另一根水带以延长距离或是接上喷嘴以增大液体喷射压力。

三、结构与技术参数

（1）按衬里材料可分为橡胶衬里消防水带、乳胶衬里消防水带、聚氨酯（TPU）衬里消防水带、PVC 衬里消防水带、消防软管（见图 5.47）。

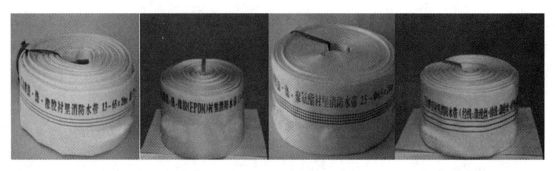

a 橡胶（NR）衬里　　　b 橡胶（EPDM）　　　c 聚氨酯衬里　　　d 橡塑衬里水带

图 5.47　几种不同衬里材料水带

（2）按承受工作压力可分为 0.8 MPa、1.0 MPa、1.3 MPa、1.6 MPa、2.0 MPa、2.5 MPa 工作压力的消防水带。

（3）按内口径可分为内口径 25 mm、50 mm、65 mm、80 mm、100 mm、125 mm、150 mm、300 mm 的消防水带。

（4）按使用功能可分为通用消防水带、消防湿水带、抗静电消防水带、A 类泡沫专用水带、水幕水带（见图 5.48）。

a 彩色　　　　　b 喷雾　　　　　c 阻燃　　　　　d 防静电

图 5.48　几种不同功能水带

（5）按结构可分为单层编织消防水带、双层编织消防水带、内外涂层消防水带（见图 5.49）。

a 单层　　　　　　　b 双层　　　　　　　c 双层涂覆

图 5.49　几种不同结构水带

（6）按编织层编织方式可分为平纹消防水带、斜纹消防水带。

（7）消防水带的相关技术参数。

① 内径的公称尺寸要求见表 5.11。

表 5.11　消防水带内径的公称尺寸　　　　　　　　　　　（单位：mm）

规　格	公称尺寸	公　差
25	25.0	+2.0 0
40	38.0	
50	51.0	
65	63.5	
80	76.0	
100	107.0	
125	127.0	
150	152.0	
200	203.5	
250	254.0	+3.0 0
300	305.0	

② 消防水带配置长度具体尺寸要求见表 5.12。

表 5.12　消防水带配置长度　　　　　　　　　　　　　（单位：m）

长度	公差
15	+0.2 0
20	
25	+0.2 0
30	
40	+0.4 0
60	
200	

③ 消防水带内径的设计压力、试验压力和最小爆破压力要求见表 5.13。

表 5.13　消防水带内径的设计压力、试验压力和最小爆破压力　　（单位：MPa）

设计工作压力	试验压力	最小爆破压力
0.8	1.2	2.4
1.0	1.5	3.0
1.3	2.0	3.9
1.6	2.4	4.8
2.0	3.0	6.0
2.5	3.8	7.5

四、使用说明及操作

1. 单手铺设水带的方法和要求

（1）右手捏住卷好的水带，大拇指及食指捏住最外两圈（接头朝前），其余 3 个手指钩住第三、四圈水带。

（2）左脚在前、右脚在后、弯腰，将水带前后摆动（摆幅不宜过大），接着向前甩出水带，甩出水带时大拇指及食指始终捏住最外两圈皮龙，其余3指伸直，水带就会顺势滚向前方。

（3）水带抛出后应成直线、完全展开，偏离正前方左右范围≤1 m。水带抛出时，金属连接头不得脱手落地。

2. 两人收卷水带的方法和要求

（1）水带使用完毕后，要先倒出水带中的余水。

（2）协助卷带人员将水带对折形成双层，下层水带要比上层水带长出约30 cm，用脚踩住水带的靠近接头部位，卷带人员在另一端将两层水带抖动拉直，平铺叠好后开始弯腰卷带，协助卷带人员前往卷带人员前方约2 m处，双脚立于水带左右跨于水带上方，俯身弯腰双手托起上层水带，使两层水带叠放整齐，便于卷带人员卷带。随着卷带人员向前卷带，协助卷带人员慢慢向后退，直至卷带完毕。

（3）盘卷好的水龙带两金属连接头差距小于10 cm。

五、保养维护

（1）使用和存放时应避免摔撞和重击，以防变形而装拆。

（2）连接之前，应认真检查滑槽和密封部位，若有污泥和砂粒等杂质须及时清除，以防装拆困难，密封好。

（3）存放时注意避免与酸碱等化学药品接触，以防金属中腐蚀和橡胶密封圈变质。

（4）水带清洗，水带使用后，要清洗干净，对输送泡沫的水带，必须细致地洗刷，保护胶层。为了清除水带上的油脂，可用温水或肥皂洗刷，对冻结的水带，首先要使之融化，然后清洗晾干，没有晾干的水带不应收卷存放。

（5）水带不能长期放在室外日晒雨淋，不能置于热源附近，防止老化，避免腐蚀性及黏性物质污染。存放地点应有适宜的温度和良好的通风，水带应双层卷起，竖放在水带架或卷盘上，每年要翻动数次和交换折叠几次。随车水带，应避免相互摩擦，必要时要交换折叠。

（6）使用时发现漏洞，应及时用包布包扎，以免小孔扩大，并做上记号，用后及时修补。平时应经常检查，发现破损，及时修补。

第十四节　消防水枪

一、概　述

消防水枪的功能是将水带内的水流转化成水枪的高速射流，并把这种射流喷射到火场中的物体上，达到灭火、冷却或防护的目的。消防水枪的射流分密集射流和分散射流两类，能喷射密集射流的水枪如直流水枪和带架水枪，能喷射分散射流的水枪如喷雾水枪和开花水枪等。正是水枪将水作用成不同的形态，使经过水枪的水不仅能达到迅速灭火的目的，而且还能用于扑救部分不能用水扑救的火灾。但在扑救火灾中，有时因使用水枪不当，盲目射水，不仅起不到灭火目的，还会导致火灾的扩大或引起爆炸。因此，在扑救火灾中，当只有水这一种灭火剂时，针对不同的火灾选用相应水枪，是迅速扑灭火灾的关键。

消防水枪分为直流水枪、喷雾水枪、多功能水枪3种，如图5.50～5.52所示。

图5.50　直流水枪　　　　图5.51　喷雾水枪　　　图5.52　多功能直流水枪

1. 直流水枪

直流水枪主要用来喷射密集柱状水流进行灭火或冷却，其射流具有射程远、流量大、机械冲击力强、保护面积大等特点，是灭火战斗中最常用的水枪。

1）直流水枪适用的火灾类型

（1）一般固体物质（A类）火灾，如木材、纸张、粮草、棉麻、煤炭、橡胶等的火灾。

（2）具有阴燃特点的可燃物质火灾。

（3）利用水枪的冲击力量切断或赶走火焰，扑救石油和天然气的井喷火灾。

（4）闪点在120 ℃以上，常温下呈半凝固状的重油火灾。在扑救油罐火灾时，直流水枪主要用来向罐体射水，冷却罐体，控制油温，加强防护。使用直流水枪扑救油类火灾时，水枪与水枪间隔一般在1～2 m为宜，向前推进要做到统一行动。

2）直流水枪不适用的火灾类型

（1）遇水燃烧的物质火灾。

（2）可燃粉尘聚集处的火灾，以免出现大量悬浮粉尘，造成空间粉尘爆炸。

（3）没有良好接地设备或没有切断电源的情况下的高压电气设备火灾。紧急情况下，扑救380 V以内的电气设备火灾时，实践中应遵循的规则为：水枪距火源的最小允许米数，应等于水枪口径的毫米数。

（4）某些高温生产装置设备火灾。

（5）储存大量浓硫酸、浓硝酸、盐酸等场所的火灾，以免水与酸液接触引起酸液飞溅或流出，引燃其他可燃物或对人员造成伤害。

（6）比水轻且不溶于水的易燃液体火灾，以免形成喷溅、漂流而扩大火灾。

（7）熔化的铁水、钢水引起的火灾，以免水被温度高达1 600 ℃的铁水、钢水分解，生成氢和氧,引起爆炸。

2. 喷雾水枪

喷雾水枪喷出的雾状水流,水滴直径一般在 100 μm 以下,是将空气呼吸器和细水雾灭火装置进行有机组合,既能满足灭火操作人员方便携带进入火灾现场进行灭火,又能满足呼吸需要,且重量配置合理,具有背负舒适,操作简单,维护方便等特点。

(1)经喷雾水枪射出的大量微小的水滴有利于吸附烟尘、促进沉降,因此对扩散到通道和其他房间的烟气,采用喷雾水,可起到驱烟消烟作用。同时,水雾喷射到火焰上,可大大缩短汽化时间,吸收大量的热,故利用喷雾水降温是火场上常用的有效办法。

(2)保护物资。着火区内一时不易疏散出去的物资或受火势威胁较大而不能疏散出去的物资,在火灾扑救过程中为减少水渍损失,用喷雾水进行保护,是一种行之有效的办法。

(3)扑救有毒气体、酸、碱液火灾。对于氯气、氨气,用喷雾水溶解稀释,能避免其达到爆炸极限。实践证明,大量的喷雾水喷射到液化气蒸气云上,能引起空气和水蒸气的搅动对流,可稀释、驱散液化气。不能用直流水扑救的酸、碱液火灾,用雾状水可起到降温、稀释作用,达到灭火的功效。

(4)扑救原油等重质油品火灾,一般当喷雾水枪的工作压力在 0.7 MPa 左右、喷射角度 20° 左右、喷射距离 2~3 m 时,扑救重质油品火灾效果最好。实验证明,用喷雾水扑救 5m² 的机油火灾,灭火仅用 4~5 s。

(5)对于油浸电力变压器,充有可燃油的高压电容器、油开关、发电机、电动机等带电的电气设备火灾,用喷雾水扑救,也是非常理想的。

(6)对于比水轻且不溶于水的易燃液体,如各种油料、溶剂、油漆等的火灾用雾状水扑救,速度快,效果好。

(7)对于木材加工厂、纺织厂、粮食加工厂、食品加工厂等有可能产生易燃易爆粉尘的场所,喷雾水可抑制粉尘的悬浮,是一种效果显著的灭火方法。

3. 多功能水枪

多功能水枪是既能喷射直流水流又能喷射雾状水流的水枪。公安消防部队最常用的是球阀转换式直流喷雾和直流水幕喷雾水枪,这两种水枪可实现直流喷雾灵活调节,射程较远,采用不锈钢制造,使用寿命长,在扑救一般固体火灾和建筑火灾中起到过很重要的作用。

多功能水枪的关键部件是导流片,导流片起到调整水流状态的作用,由于导流片比较灵敏,可以使水流呈多种形式向前喷射,但这种水枪也存在一些不足,最明显的几点是:

(1)由于出水口径较小,通常是 16 mm 或 19 mm,所以反冲力较大,影响水枪反冲力的重要因素是喷射出水口径以及喷嘴工作压力,喷射出水口径越大则反冲力越小,而喷射出水口径越小则反冲力越大。

(2)水量缺乏调节,消防作战面临的火场水源有不确定性,在水量来源不足或水压较小时,通常难以使这两种水枪达到水压充足时的效果,例如扑救偏远地区火灾,高层建筑内部火灾时,水压得不到保证,这种水枪就难以达到较好的出水效果。

(3)枪身较长、较重,不便于长期使用。有些火灾扑救时间长,水枪阵地需要坚守,较重枪身会消耗较多消防战斗人员体力,影响战斗力的持续发挥。

（4）射程近，QDH16、QDH19 水枪水平射程为 25.28 m，有效射程为 14 m，QZG16、QZG19 型水枪的水平射程为 31.35 m，有效射程为 17 m。距离是火场扑救保证消防人员人身安全的重要因素，应尽可能地保持较远距离。

（5）功能单一，只能喷射清洁水灭火剂，缺乏清洗功能，一旦水质不好或沙石堵塞极易导致水枪无法工作，这种情况在公安消防部队灭火作战中经常出现，在火场上发生这种情况直接影响扑救效果和作战计划的落实。

我国目前现行的消防水枪国家标准规范为《消防水枪》（GB 8181—2005）。

二、原 理

消防水枪喷射出不同状态的水流，其灭火、冷却和防护的作用是不同的。直流水枪用来喷射柱状密集充实水流，具有射程远、水量大等优点，适用于远距离扑救一般固体物质（A 类）火灾。开花水枪可以根据灭火的需要喷射开花水，使压力水流形成一个伞形水屏障，用来冷却容器外壁、阻隔辐射热，阻止火势蔓延、扩散，减少灾情损失，掩护灭火人员靠近着火地点，在灭火过程中有着无法替代的作用。喷雾水枪利用离心力的作用，使压力水流变成水雾，利用水雾粒子与烟尘中的炭粒子结合可沉降的原理，达到消烟的效果，是减少火场水渍损失、高温辐射和烟熏危害的理想消防装备。喷雾水枪喷出的雾状水流，适用于扑救阴燃物质的火灾、低燃点石油产品的火灾，浓硫酸、浓硝酸或稀释浓度高的强酸场所的火灾，油类火灾及油浸式变压器、多油式断路器等电气设备火灾。

三、结构及技术参数

（1）消防水枪代号按照表 5.14 要求编号。

表 5.14 消防水枪代号

类	组	特 征	水枪代号	代号含义
枪 Q	直流水枪 Z（直）	—	QZ	直流水枪
		开关 G（关）	QZG	直流开关水枪
		开花 K（开）	QZK	直流开花水枪
	喷雾水枪 W（雾）	撞击式 J（击）	QWJ	撞击式喷雾水枪
		离心式 L（离）	QWJ	离心式喷雾水枪
		簧片式 P（片）	QWP	簧片式喷雾水枪
	直流喷雾水枪 L（直流喷雾）	球阀转换式 H（换）	QLH	球阀转换式直流喷雾水枪
		导流式 D（导）	QLD	导流式直流喷雾水枪
	多用水枪 D（多）	球阀转换式 H（换）	QDH	球阀转换式多用水枪

示例 1：额定喷射压力 0.35 MPa，额定直流量 7.5 L/s 的直流开关水枪型号为 QZG3.5/7.5。

示例 2：额定喷射压力 0.60 MPa，额定直流量 6.5 L/s 的直流开关水枪型号为 QDH6.0/6.5。

示例 3：额定喷射压力 0.60 MPa，额定直流量 6.5 L/s 的第一类导流式直流喷雾水枪型号为 QLD6.0/6.5 I 。

示例 4：额定喷射压力 2.0 MPa，额定直流量 3 L/s 的中压导流式直流喷雾水枪型号为 QLD20/3。

（2）直流消防水枪具体技术参数见表 5.15。

表 5.15　直流消防水枪技术参数

接口公称通径/mm	当量喷嘴直径/mm	额定喷射压力/MPa	额定流量/（L/s）	流量允差	射程/m
50	13	0.35	3.5	±8%	22
	16		5		25
60	19		7.5		28
	22	0.20	7.5		20

（3）喷雾消防水枪具体技术参数见表 5.16。

表 5.16　喷雾消防水枪技术参数

接口公称通径/mm	额定喷射压力/MPa	额定喷雾流量/（L/s）	流量允差	喷雾射程/m
50	0.60	2.5	±8%	10.5
		4		12.5
		5		13.5
60		6.5		15.0
		8		16.0
		10		17.0
		13		18.5

四、使用说明及操作

（1）打开消火栓门，取出水带、水枪。

（2）检查水带及接头是否良好，如有破损严禁使用。

（3）向火场方向铺设水带，避免扭折。

（4）将水带靠近消火栓与消火栓连接，连接时将连接扣准确插入滑槽，按顺时针方向拧紧。

（5）将水带另一端与水枪连接（连接程序与消火栓连接相同）。

（6）连接完毕至少 2 人握紧水枪，对准火场（勿对人，防止高压水伤人）。

（7）缓慢打开消火栓阀门至最大，对准火源根部进行灭火。

（8）敲碎消防箱内消火栓按钮玻璃自动启动消防泵，为消火栓系统注水加压。

（9）灭火后，停消防泵，关闭消火栓阀门，恢复消火栓按钮（换上新的消火栓按钮玻璃），水带平铺晾干盘好后放回消火栓箱内。

五、保养维护

（1）消防水枪在存放时，应避免摔、扭折、撞和重压，以防消防水枪因变形而产生存放困难。

（2）消防水枪存放的地点也有一定的要求，不能存放在潮湿处或和具有腐蚀性的化学物存放在一起，以防橡胶密封圈受到腐蚀导致变质。

（3）检查滑槽和密封部位，若有污泥和砂粒等杂质物须及时清除。

（4）在消防水枪使用过后，需晾干之后才能进行存放。这样能延长消防水枪的使用寿命。

（5）每月对消火栓进行检查，开启阀门检测水流情况，连接螺栓、水带接口除锈防腐，并做记录。

（6）每季度对室外消火箱内的水枪、水带等进行检查，每半年对室内消火箱内的水枪、水带等进行检查，对撕裂、破损不符合标准的进行申报、更换。

第十五节　消防接口

一、消防接口概述

消防接口是由本体、橡胶密封圈、密闭的圈套和挡圈等部件组合而成，而其中的密封圈套是主要部件。一般的密闭圈套是由铝合金制造的，质量较轻，连接两端是不一样的，一端有沟，而另一端连接水带的圆形凸起，用来连接有沟的那一端，具有密闭性强，不容易脱落，以及连接简便和快速的特点。

现行的消防接口相关国家标准有《消防接口第 1 部分：消防接口通用技术条件》（GB 12514.1—2005）、《消防接口第 2 部分：内扣式消防接口型式和基本参数》（GB 12514.2—2006）、《消防接口第 3 部分：卡式消防接口型式和基本参数》（GB 12514.3—2006）、《消防接口第 4 部分：螺纹式消防接口型式和基本参数》（GB 12514.4—2006）等。

消防接口是水带与水带、消防泵、消防栓、移动式水炮连接的接头。

二、消防接口结构及技术参数

消防接口分为内扣式水带接口、内扣式管牙接口、内扣式固定接口、内扣式异径接口、卡式接口、螺纹式接口、异型接口及吸水管接口等 8 类（见图 5.53 ~ 5.56）。以下介绍几种常见类型的技术参数。

图 5.53　内扣式水带接口

图 5.54　内扣式管牙接口

图 5.55　内扣式异径接口　　　　　　图 5.56　卡式接口

（1）内扣式消防接口的型式和规格应符合表 5.17 的规定。

表 5.17　内扣式消防接口型式和规格表

| 接口型式 | | 规　格 | | 适用介质 |
名称	代号	公称通径/mm	公称压力/MPa	
水带接口	KD	25、40、50、65、80、100、125、135、150	1.6 2.5	水、泡沫混合液
	KDN			
管牙接口	KY			
闷盖	KM			
内螺纹固定接口	KN			
外螺纹固定接口	KWS			
	KWA			
异径接口	KJ	两端通径可在通径系列内组合		

（2）卡式消防接口的型式和规格应符合表 5.18 中规定。

表 5.18　卡式消防接口型式和规格表

| 接口型式 | | 规　格 | | 适用介质 |
名称	代号	公称通径/mm	公称压力/MPa	
水带接口	KDN	40、50、65、80	1.6 2.5	水、泡沫混合液
闷盖	KMK			
管牙雌接口	KYK			
管牙雄接口	KYKA			
异径接口	KJK	两端通径可在通径系列内组合		

（3）螺纹式消防接口的接口型式规格及适用介质见表 5.19。

表 5.19 螺纹式消防接口的接口型式规格及适用介质

接口型式		规 格		适用介质
名称	代号	公称通径/mm	公称压力/MPa	
吸水管接口	KG	90、100、125、150	1.0 1.6	水
闷盖	KA			
同型接口	KT			

三、消防接口使用说明及操作

（1）使用或存放时，应避免摔、撞和重压，以防变形而装拆困难。

（2）连接之前，应认真检查滑槽和密封部位，若有污泥和砂粒等杂物须清除，以免密封不良和装拆困难。

（3）连接内扣式接口时，应将扣爪插入滑槽后再按顺时针方向拧到位。在连接水带时，还需将水带理直，以防水带扭转而使接口自行脱开。

（4）连接插入式接口时，应插至听到雌接口弹簧销伸至雄接口卡槽的声音为止，以确保连接可靠。

（5）存放时应避免和酸性、碱性等化学物品接触，以防金属件腐蚀和橡胶密封圈变质。

四、消防接口保养维护

（1）使用时将水带空过本体，套在付体上，用喉箍扎牢安装好，将两个口径相同的接口，按顺时针方向旋转 90°，便可分开。

（2）平时应注意检查密封圈是否老化，如老化、影响密封性能，则应更换，每次用后清洗干净，置于干燥处。

第六章　登高安全防护器材

第一节　缓降器

一、概　述

缓降器是依靠使用者自重摩擦或调速器自动调整、控制下降速度而安全降落的救生器具。现已广泛应用于宾馆、公寓、医院及家庭等高层建筑内。险情发生时可用于下滑自救或对被困人员的营救。平常可高空作业，既是建筑的逃生装备，又是抢险救援、消防装备的优良工具。它可以用专用安装器具安装在建筑物窗口、阳台或楼房平顶等处，也可安装在举高消防车上，营救处于高层建筑物火场上的受困人员。

缓降器按火场使用方式可分为往返式缓降器和自救式缓降器。

1. 往返式缓降器

往返式缓降器设计先进，结构合理，体积小，安全系数大，具有造型美观、设置时间短、疏散人群快、操作方便等优点，是理想的自助救生产品。

往返式缓降器主要由速度控制器、安全带、安全钩、救援绳组成（见图6.1）。往返式缓降器速度控制器固定，绳索可以上下往返，连续救生，下降速度由人体重量而定，整个下降过程中速度比较均匀，不需要人力进行辅助控制。往返式缓降器有行星轮式缓降器和齿轮式缓降器两种。

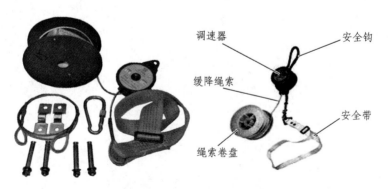

调速器　　安全钩

缓降绳索

安全带

绳索卷盘

图 6.1　往返式缓降器示意图

2. 自救式缓降器

自救式缓降器绳索固定、速度控制器随人从上而下，不能往返使用，下降速度必须由人操纵控制，控制方式有地面人员控制和下降者本人控制两种。自救式缓降器有多孔板型和摩擦棒型两种（见图 6.2、图 6.3）。

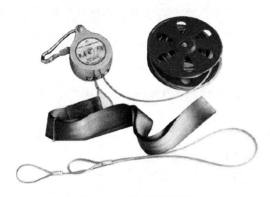

图 6.2 自救式缓降器

图 6.3 工作原理示意图

二、原　理

往返式缓降器的工作原理：往返式缓降器通过绳索带动传动齿轮，传动齿轮带动制动毂高速转动，将制动毂轮槽的摩擦块甩出，形成摩擦力，控制下滑速度并保持均匀。

自救式缓降器的工作原理：利用绳（带）与速度控制器的摩擦棒（或多孔板）摩擦产生阻力，来控制下降速度。

三、结构及技术参数

1. 速度控制器

绳索卷盘应由橡胶、塑料等非金属材料制成，且无尖锐的棱角和凸起。

在表 6.1 规定的最小负荷、标准负荷和最大负荷状态下，缓降器的下降速度应为 0.16 ~ 1.5 m/s。

表 6.1 不同负荷分类

负荷种类	负荷数值/kg
最小负荷	343±5
标准负荷	687±5
最大负荷	981±5

2. 安全带

安全带材质应为棉纱或合成纤维材料，带宽 40 ~ 80 mm，带厚 1 ~ 3 mm，带长 1 000 ~ 1 800 mm，并带有能按使用者胸围大小调整长度的扣环。

安全带及金属连接件经强度试验后，安全带的织带、扣环及金属连接件均不得发生破断现象。

3．安全钩

安全钩应由金属材料制成并设有防止误开启的保险装置，保险装置应锁止可靠。

安全钩强度试验后，不得发生明显变形、断裂现象，有芯绳索不得发生外层与绳芯脱离现象。

4．救援绳

（1）钢丝绳索。应采用航空钢丝绳，直径应不小于 3 mm，材质应符合 YB/T 5197 的要求。

（2）有芯绳索。绳芯采用航空钢丝绳，直径不应小于 3 mm，外层材质应为棉纱或合成纤维材料。全绳应结构一致，编织紧密，粗细均匀并无扭曲现象。

四、使用说明及操作

1．缓降器的使用操作方法

（1）将吊钩钩于吊架，并旋紧吊钩旋钮。

（2）将滑轮扔出窗外。在这之前请先确认着陆地无障碍物。将安全带绑系于腋下，调整后将安全带扣扣好。

（3）面朝墙，爬出窗口，一手握安全带，另一手握滑绳，随滑绳自动降落，双脚可轻触墙壁。滑落过程中始终保持直立姿势。在接近地面时，应使双脚微缩弯曲以防扭伤脚腕。

2．缓降器使用的注意事项

（1）缓降器位置固定要安全可靠，被救者的安全带拴好后要认真检查，需在绝对安全的前提下，方可操作（安全带尽量置于被救者的双腋下）。

（2）使用时应将主机放置于外墙面，切勿使钢丝绳索与墙体或锐角摩擦。下降时，不要用手去握上升端的钢丝绳，下降过程中，应面向墙面，尽量避免身体旋转和触摸墙面及其他构件，防止阻碍下降。

（3）摩擦轮内严禁注油，以免摩擦打滑，造成滑降人员坠落伤亡。

（4）滑降绳索编织层严重剥落破损时，需及时更换新绳。

（5）对于使用安全带的缓降器，被困人员在降至地面后须把安全带留在安全吊绳的套环内，以便后继人员使用。

3．用目测法对缓降器进行外观质量检查

主要部件结构、尺寸及材质检查参照国家标准《建筑火灾逃生避难器材 第 2 部分：逃生缓降器》（GB 21976.2—2012）

（1）绳索。采用目测和查看材质检验报告的方法对绳索的结构和材质进行检查。然后用通用量具测量绳索直径，测量任意 3 点，取 3 点的算术平均值。

（2）安全带。采用目测和查看材质检验报告的方法对安全带的结构和材质进行检查。然后用通用量具测量安全带长度、宽度及厚度，测量任意 3 点，取 3 点的算术平均值。

（3）安全钩。采用目测和查看材质检验报告的方法对安全钩的结构、材质和保险装置进行检查。

（4）绳索卷盘。采用目测和查看材质检验报告的方法对绳索卷盘的结构和材质进行检查。

五、保养维护

1. 缓降器的维护保养方法

确保安全钩的完好。经常性检查绳索、束紧带的完好程度，如有破损及时更换。定期对缓降器进行检测，每次使用前进行一次外观检查，每年进行一次承重检测。有异常情况应停止使用。对使用次数严格记录，达到使用寿命后返修（一般为 30 ~ 50 次）。

2. 运　输

在装卸和运输过程中不可暴力装卸，应避免接触腐蚀性物质，不得受到油、水沾污。

3. 贮　存

应贮存在室内干燥通风处，避免日光直射，禁止与油脂、酸类及腐蚀性物品混放。

第二节　消防梯

一、概　述

消防专用梯是在消防过程使用的梯子，采用高强度的铝合金型材制成。质量轻，携带方便，并配有强固的防滑梯脚。包括梯蹬、侧板、最小梯宽、撑脚、支撑杆、工作长度等部分。消防梯按其结构形式可分为单杠梯、挂钩梯、拉梯、其他结构消防梯。按其材质可分为竹质消防梯、木质消防梯、铝合金消防梯、钢质消防梯、其他材质消防梯。按照强度不同，又可分为高强度和普通强度。我国现行的消防梯方面的规范为《消防梯》（GA 137—2007）。

1. 铝合金二节拉梯

铝合金二节拉梯由升降装置、支撑脚、支撑管组成（见图 6.4），其中升降装置包括上、下两节拉梯，尼龙拉绳，钢丝绳和滑轮。具有操作简单、任意定位、运作自如、稳定性好、轻巧（比同类产品轻 10 kg）美观、强度高、经久耐用等特点。主要适用于消防人员扑救火灾时，登高救人和灭火作业，也适用于工厂、矿山、高层建筑等登高维修和各种登高作业，用途广泛。符合国家消防梯通用标准。

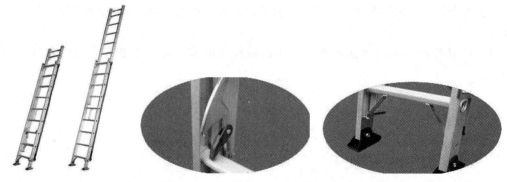

图 6.4　铝合金二节拉梯及细节

消防铝合金拉梯选用优质坚韧的铝合金经特殊工艺制作而成，使用时手拉升梯绳，上节梯随之逐步升高，同时配备自动定位装置，使用灵活方便，用途广泛。限位爪和限位脚相互配合，保证梯子既能在上升时任意部位停住，又能在任意部位下降。

2.　铝合金直梯

铝合金直梯又称直立消防专用梯，它的结构简单，制造、组装和使用十分方便，便于携带，使用时的组装和拆卸过程中不需要工具，解决了消防队员在抢险或救援时直立攀爬和站立的难题，攀爬时组装梯子的速度快、安全可靠、攀爬方便。使用后，拆卸、包装和运输方便（见图 6.5）。

3.　铝合金人字梯

用于在平面上方空间进行工作的一类登高工具，因其使用时，前后的梯杆及地面构成一个等腰三角形，看起来像一个"人"字，因而把它形象地称为"人字梯"（见图 6.6）。

实用的人字梯有固定人字梯和活动人字梯。固定人字梯是人们临时搭建的工具。活动的人字梯是将两个梯子的顶部用活页连在一起，移动的时候可以合起来，由于它的灵活性，故广泛应用于临时登高操作上。早期的人字梯一般是木材制作的，随着金属工业的发展，现在多利用铝合金材料。铝合金人字梯具有轻便，美观，耐用的特点，且造价不高，故被广泛使用（见图 6.7、6.8）。

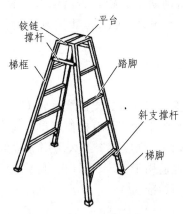

图 6.5　铝合金直梯示意图　　　图 6.6　铝合金人字梯　　　图 6.7　单用折梯

4. 铝合金快装脚手架

铝合金快装脚手架整体结构采用"积木式"组合设计，部件标准化，无散件（见图 6.9）。不需任何安装工具，两名工人在短时间内就可搭建一个高度为 20 m 的高空作业平台。

图 6.8　A 字梯

图 6.9　铝合金快装脚手架

二、原理与结构

1. 铝合金二节拉梯

拉梯是消防队员扑救火灾时，登高灭火、救人或翻越障碍的工具。根据需要的高度进行拉缩调整二节拉梯的高度。铝合金二节拉梯是可伸缩的由两节铝合金梯子组成的拉梯，用于登高越墙，救护被困人员、财产，亦可供消防员训练使用。

2. 铝合金直梯

铝合金直梯是由一个梯段构成，长度不可调节的依靠式梯子，铝合金直梯采用高强度的铝合金型材制成。

3. 铝合金快装脚手架

铝合金快装脚手架的所有铝架均适合室内及室外应用。使用轻便、坚固的铝合金为材质，部件质量轻，易于安装、搬运和储存。脚手架质量仅相当于传统钢结构脚手架的 1/3，无须担心压坏地面。

三、使用方法

1. 铝合金二节拉梯

（1）立梯、支撑两根撑杆。

（2）向下拉动拉梯绳，到达使用高度后，将拉梯绳向上松约 15 cm，使限位卡卡在梯蹬上，此时手不要离开绳索。

（3）使用完毕后，将挂梯绳向下拉动使梯子向上升约 15 cm，此时限位爪挡着限位脚，使梯子逐步下降，此时不可突然放掉绳子，应双手交替放松绳子。

2. 铝合金直梯

1）使用前

（1）确保所有铆钉、螺栓螺母及活动部件连接紧密，梯柱与梯阶牢固可靠，伸展卡簧、铰链工作状态良好。

（2）梯子保持清洁，无油脂、油污、湿油漆、泥、雪等滑的物质。

（3）操作者的鞋子保持清洁，禁止穿皮底鞋。

2）使用中

（1）身体疲倦，服用药物、饮酒或有体力障碍时，禁止使用梯子。

（2）梯子放置在坚固平稳的地面，禁止放在没有防滑和固定设备的冰、雪或滑的地表上。

（3）作业时禁止超过标明的最大承重质量。

（4）禁止在强风中使用梯子。

（5）铁梯子导电，避免靠近带电场所。

（6）攀登时人面向梯子，双手抓牢，身体重心保持在两梯柱中央。

（7）作业时不要站在离梯子顶部 1 m 范围内的梯阶上，永远保留 1 m 的安全保护高度，更不要攀过顶部的最高支撑点。

（8）禁止从梯子的一侧直接跨越到另一侧。

3. 铝合金人字梯

1）使用要求

（1）只允许一人在梯子上面工作。

（2）木折梯上部第二个踏板面为最安全站立高度。梯子上部第一个踏板不得站立或越过。并于最高安全站立高度处涂红色标志。

（3）梯子上有人时不得移位。

（4）梯子表面应涂不导电的透明涂料或防腐剂，标志不受此限制。

2）注意事项

（1）使用前检查：检查梯子、踏板有无变形、损坏，螺栓、钉子有无松动现象，拉接梯子的固定拉杆或保险绳两端与横杆是否有效固定，梯子底部是否安有防滑套等。人字梯若有损坏应立即修复或更新。

（2）使用个人防护具：高度超过 2 m 时，需佩戴安全带，并挂于牢固的龙骨或绑于立杆吊钩上。上梯操作人员必须穿防滑的鞋子。

（3）梯子的摆设：梯子必须放在平坦坚固的地面，保持水平。放在人员较多的通道上时，需在周围做围挡或标示。放在门后作业时，除设置标示外还须将门上锁，避免他人突然开启撞及。人字梯的固定拉接保险绳需固定牢固、直梯斜度不可太斜（底部宽度与高度的距离比为 1：4）。

（4）梯子的使用：上下梯子时尽量面朝梯子，保持 3 点接触以保持平衡。将工具放在工具袋内或使用绳索吊升使用，不可用抛接的方式。避免伸展身体去碰触难以碰触的位置，应重新移动位置来作业，尽量避免一脚踩在梯子上，一脚踩在邻近的物品上。人字梯使用时不可登上最高两阶来使用。坚持同伴作业原则，使用梯子时，下方应有另一人扶持，以求稳固，工作时佩戴安全帽，以免上方物品、工具掉落。必须确保门已经上锁或通道上不会突然有人闯入（以免撞倒人字梯），上下人字梯时要保持身体的中心保持在人字梯的中间位置。在人字梯上工作所需要的所有工具和材料应通过人字梯扶持人员以外的第三人传递来完成（或使用绳索上下传递）。

（5）避免进行冲击性较大的作业：人字梯使用时，严禁进行结构冲击钻孔、通风设备安装、较重吊顶安装等作业，进行以上作业必须换用移动脚手架或钢管脚手架。

（6）梯子的搬运：在经过走廊或转角时，放慢速度，较长梯子在搬运时，需有一人前导，避免碰撞行人，搬运时并避免碰撞现场内的设施、成品。

（7）梯子的储存：人字梯储存应收起直立。人字梯不得放置在门口。

4. 铝合金快装脚手架

1）搭　建

（1）检查现场所有组件（参见产品配置清单）。

（2）确保搭建和移动脚手架的地面能够提供足够稳定而坚固的支撑，每套脚手架的整体最大承重为 750 kg，单个平台板最大承重为 250 kg。

（3）搭建及使用过程中只能从脚手架内侧攀爬。

（4）不得在平台上使用任何材质的箱子或其他增高物体增加工作高度。

2）提　升

（1）搭建时，脚手架组件的提升应使用强度可靠的材料，如专用的吊装支架、粗绳等，并使用安全带。

（2）按照规范，在搭制非标准或大型脚手架时需使用外支撑或配重。

（3）在底部使用配重，以防止大型脚手架倾翻。

（4）在使用外支撑的环境下作业时，请咨询供应商（或厂商），或在供应商（或厂商）指导下进行作业，配重应使用实心材料，可将其放置在超载支撑腿上，配重需安全放置，以防止意外撤掉。

3）移　动

（1）脚手架只能靠人力推动整个架子的底层作水平移动。

（2）移动时，注意附近正在运转的电器，特别是空中管线等。

（3）移动时，脚手架上不允许有人或其他物品，以防坠落伤人。

（4）在崎岖不平的地面或斜坡上移动时要格外小心，注意脚轮锁的放置方向。

（5）墙外支撑时，外支撑只可离开地面足够的距离，以避让障碍物，移动时脚手架的高度不应超过最小底部尺寸的 2.5 倍。例如，非移动式脚手架的高度为 9 m，则移动式脚手架要降至 7.5 m。

4）使　用

（1）警惕户外强风、阵风。风速超过 7.9 m/s（风力大于 4 级）时，停止脚手架作业。

（2）风速超过 13.8 m/s（风力大于 6 级）时，应将脚手架刚性联结在其他坚实结构的物体上。

（3）如果可能超过 18 m/s（风力大于 8 级）时，应提前拆卸脚手架。

四、保养维护

1. 铝合金二节拉梯

（1）梯子保管单位负责梯子的日常维护保养及使用管制。

（2）铝合金二节拉梯应经常处于完好状态，加强维护保养。

（3）梯子从车上卸下后，要放在安全地带。在操练时要选好立梯场地，立梯要掌握平衡。在灭火战斗中，尽量将梯子靠在建筑物的外墙或防火墙上立起。如因抢救工作的需要将梯子放在受高温和火焰作用的窗口时，要用水流加以冷却保护。

（4）每月或在每次火场及操作使用后，要检查梯子的螺栓、滑轮、铁钩及各部连接处是否松动，梯蹬、侧板等木质部分是否折断或损坏，拉绳或铁链是否损坏断裂。发现问题应及时修理或更换部件。主要负荷部件修理或更换后，要按消防梯检查规定检验合格后方可使用。

（5）铝合金二节拉梯应经常保持清洁，不宜日晒雨淋和时干时湿。表面油漆要保持完好，如有脱落，应及时补刷油漆。

（6）铝合金二节拉梯的金属部分要涂抹机油，以防生锈。滑轮或活动铁角处要加注润滑油，以防磨损。

（7）铝合金二节拉梯较重，用后应平整地放在室内，不应倾斜立放，以免日久变形。

（8）产品出厂前，将消防梯缩合成存放状态，用防潮纸或塑料袋套装，外部用绳索沿梯蹬方向缠绕捆扎，包装袋内应附产品合格证、产品说明书、消防梯使用及检查记录各一份。产品说明书中应包括产品的型号、基本参数、使用方法、检查程序、维护方法以及报废准则等信息内容。产品说明书中可给出推荐性的产品使用年限。

2. 铝合金直梯

1）维护周期

每周清洁铝合金梯子，避免某些化学物质腐蚀梯子表面。每周检查连接部位，必要时加注润滑油。如遇到梯子材料变弯、折断或连接件不能正常工作，务必与制造商联系，进行专业的维修。每周查看梯子四脚是否水平，铆接或焊接是否有松动脱焊，还要看下表面是否有起泡、划伤。

2）包装、贮存

产品出厂前，将消防梯缩合成存放状态，用防潮纸或塑料袋套装，外部用绳索沿梯蹬方向缠绕捆扎，包装袋内应附产品合格证、产品说明书、消防梯使用及检查记录各一份。产品说明书中应包括产品的型号、基本参数、使用方法、检查程序、维护方法以及报废准则等信息内容。产品说明书中可给出推荐性的产品使用年限。

3．铝合金人字梯

（1）每次使用前后均应检查一次。

（2）定期清洁梯子，避免某些化学物质腐蚀梯子表面。定期检查连接部位，必要时加注润滑油。

（3）如遇到梯子材料变弯、折断或连接件不能正常工作，务必与制造商联系，进行专业的维修。

（4）环境条件恶劣会降低梯子的使用年限，一般来说，其使用寿命为室内 2 年，室外1 年。

4．铝合金快装脚手架

（1）设专人每天对脚手架的脚轮、横杆、斜杆、梯架、平台板及外支撑进行巡回检查，检查立杆、垫板有无下沉、松动，架体所有扣件有无滑扣、松动，架体各部构件是否完整齐全，所有焊接口有没有脱焊的情况。

（2）做好脚手架脚轮的润滑，定期每个月清理轮子里面的杂质，让轴承保持最好的状态，下雨过后要对铝合金脚手架的平台板进行全面检查，严禁脚手架平台板淋雨或持续暴晒。储存在干燥、通风的房间里。

（3）操作层施工荷载不得超过 $272\ kg/m^2$，不得将横杆支撑、缆风绳等固定在脚手架上，严禁在脚手架上悬挂重物。

（4）使用中，严禁任何人任意拆除脚手架上的任何部件。

（5）遇有四级以上大风、大雾、大雨和大雪天气应暂停脚手架作业，在复工前必须检查无问题后方可继续作业。

第三节　安全绳

一、概　述

安全绳是用合成纤维编织而成，是一种用于连接安全带的辅助用绳，它的功能是二重保护，在高空作业时用于保护人员和物品的安全，同时还是一种可预防高处作业坠落事故的个人防护用品。一般长度 2 m，也有 2.5 m、3 m、5 m、10 m 和 15 m 的，5 m 以上的安全绳兼作吊绳使用。适用于施工、安装、维修等高空作业的外线电工、建筑工人、电信工人作业、电线维修等相似工种。我国现行的安全绳方面的规范为《坠落防护安全绳》（GB 24543—2009）。

按照作业类别安全绳分别为围杆作业安全绳、区域限制安全绳、坠落悬挂用安全绳（见图 6.10 ~ 6.12），其中围杆作业安全绳是指围绕在固定构造物上的绳子。

按照材料类别安全绳分为织带式安全绳、纤维绳式安全绳、钢丝绳式安全绳、链式安全绳（见图 6.13 ~ 6.15）。

图 6.10　围杆作业安全绳

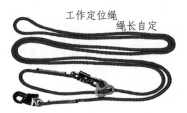

图 6.11　区域限制安全绳

图 6.12　坠落悬挂用安全绳

图 6.13　织带式安全绳安全绳

图 6.14　纤维绳式安全绳

图 6.15　钢丝绳式安全绳

按照用途安全绳分为水平安全绳、垂直安全绳、消防安全绳和发光导向绳。

水平安全绳用于在钢架上水平移动作业的安全绳。因安全绳要水平安装，要求绳子需要有较小的伸长率和较高的滑动率。绳子一般采用钢丝绳注塑，钢丝绳的伸长率小，注塑后，外表滑动性能很好，便于安全挂钩在绳子上能轻松移动。绳子直径常用注塑后直径 11 mm 和 13 mm 的规格，配合绳夹和花篮螺丝使用。该绳广泛用于火力发电工程的钢架安装，及钢结构工程的安装和维修。

垂直安全绳用于钢架的垂直上下移动的保护绳。一般配合攀登项目锁器使用，对绳子的要求不是很高，编织和绞制的都可以，但要达到国家规定的拉力强度，绳子的直径为 16 ~ 18 mm，才能达到攀登自锁器锁止需要的直径，绳子的长度由作业高度决定，绳子一头插扣，配保险卡锁一只，长度根据客户要求定做。

消防安全绳，用于高楼逃生。有编织和绞制两种，讲究的是结实、轻便、外表美观，绳子直径在 14 ~ 16 mm，一头带扣，带保险卡锁。拉力强度达到国家标准。长度有 15 m，20 m，25 m，30 m，35 m，40 m，45 m，50 m。也可根据用户要求定制长度。该绳广泛用于现代高层，小高层建筑用户。

发光导向绳，采用便携 12 V 直流电源，不受灾场现场、矿山、山洞等无交流电源限制。直流发光导向绳，采用的是新一代的安全发光线，工作电流小于 100 mA，对人体没有触电危险（旧式的交流导向绳电流达 10 000 mA，对人体构成直接威胁）。其有特有方向标记，明显的三角夜光导向块，给逃生者指引出明确的逃生方向。

二、安全绳打结

户外绳子打结的常见方法有以下 9 种：

1. 单　结

单结是所有绳结的基本结，用于防止滑动，或是在绳子末端绽线时用来防止其继续脱线。

缺点是当结打太紧或弄湿时很难解开。

方法：

（1）将绳子与绳子相交，穿过绳环。

（2）打成一个结。

（3）拉紧，完成（见图 6.16）。

图 6.16　单结结法

2. 双重单结

双重单结是为了做成一个圆圈的结，而避免使用绳子损坏部的重要方法。

方法：

将绳子对折后打一个单结（见图 6.17）。

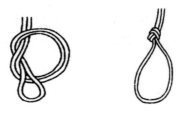

图 6.17　双重单结结法

3. 多重单结

多重单结是单结拓展版，用在作为绳子的手握处，或是当绳子要抛向远处加重其力量时。

方法：

（1）打成多个结。

（2）不断缠绕。

（3）只要增加缠绕的次数，结形就会变得较大（见图 6.18）。

图 6.18　多重单结结法

4. 固定单结

固定单结的打法是将两条绳子的末端与末端重叠，然后打一个单结。这个结是用在将两条同样粗细的绳子迅速地连接，或是将一条绳子做成环状使用时等等。

方法见图 6.19。

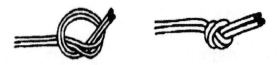

图 6.19　固定单结结法

5. 连续单结

这是欲紧急逃脱时使用的结，其特征是在一条绳子上连续打好几个单结，但若不熟练的话，结与结之间很难做成等间隔。

方法见图 6.20。

图 6.20　连续单结结法

6. 平　结

将同一条绳的两端绑在一起，适用于连接同样粗细、同样质材的绳索。但不适用在较粗、表面光滑的绳索上。缠绕方法一旦发生错误，结果可能会变成不完全的活结，用力一拉结就会散开。

方法：

（1）准备两根绳索。

（2）将绳索两端缠绕后拉拢。

（3）绳索交叉。

（4）在交叉的上方再缠绕一次。此时如果缠绕方向错误，结果会变成外行平结，请特别小心。

（5）握住两端绳头用力拉紧（见图 6.21）。

图 6.21　平结结法

平结的解法：

平结的结如果拉得太紧，就不太容易解开。不过如果双手握住绳头，朝头方向用力一拉，就可轻松解开（见图 6.22）。

图 6.22　平结的解法

7. 反手结

在所有的结当中，反手结最简单。首先将绳索曲成一环状，将活端从后面穿过此环拉紧即成。反手结除了用在绳端处打结（使绳头不宜散开）外，很少有其他用场，但它是许多其他结的组成部分。

方法：

首先将绳索弯成一环，将此环套在一固定物体上，紧拉，再用活端与环打一反手结（见图 6.23）。

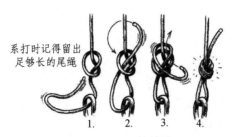

系打时记得留出
足够长的尾绳

1.　　　2.　　　3.　　　4.

图 6.23　反手结结法

8. 称人结

称人结被称为绳结之王，用于各种户外运动，甚至各行各业或日常生活中都频繁使用到。当绳索系在其他物体或是在绳索的末端结成一个圈圈时使用。宜结宜解、安全性高、用途广泛、变化多端。

方法一：基本结法。

（1）在绳索的中间打一个绳环。

（2）将绳头穿过绳环的中间。

（3）绕过主绳。

（4）再次穿过绳环。

（5）将打结处拉紧便完成（见图 6.24）。

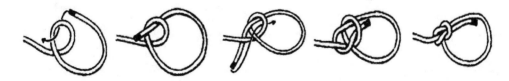

图 6.24　称人结基本结法

方法二：双手结法。

（1）如图将绳索交叉，用拇指和食指扣住交错处。

（2）转动手腕。

（3）形成像图一般的形状。

（4）最后参考基本结的要领来完成（见图 6.25）。

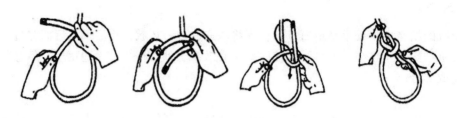

图 6.25　称人结双手结法

方法三：单手结绳。

（1）用右手握住绕过身体腰部的绳索末端。

（2）交叉绳索。

（3）反扭手腕绕过。

（4）形成右手在绳环内的形状。

（5）用指头将绳头绕至主绳。

（6）抓住绳头直至右手从圆圈中抽出来为止（见图 6.26）。

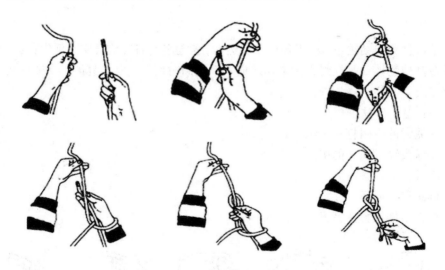

图 6.26　称人结单手结法

调整绳环大小的方法：

此法能够简易地调整圆圈大小的结法，用在自己身上结上绳结的时候。重点是要不断地练习，找到调整的诀窍。

（1）将原先绕过腰部的绳子形成一圈圈，用左手穿过圈圈并抓住绳子。

（2）保持原来的姿势，之后把左手伸出来，并取出部分的绳索。

（3）将绳头穿过去。

（4）朝着箭头的方向拉。

（5）左手握原来的部分。右手握住前端，稍微拉一下。调节大小之后，最后再用力地拉紧（见图 6.27）。

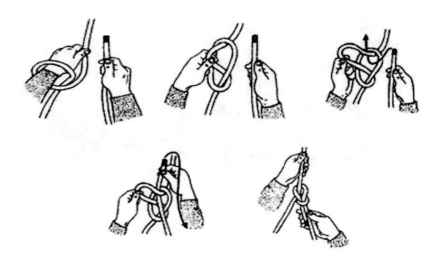

图 6.27　称人结调整绳环结法

称人结在其他物体上的用法：

（1）用单结将绳子绑在物体上。

（2）拉住绳子的末端用力地朝着手腕方向拉。

（3）如此一来就形成如图所示的形状。

（4）将绳尾绕回主绳。

（5）穿过绳环。

（6）拉紧打结处（见图 6.28）。

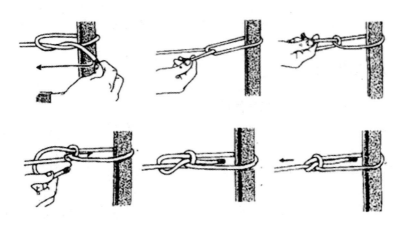

图 6.28　称人结结其他物体结法

9. 8 字结

打法简单、易记。可作为一条绳上的一个临时或简单中止、制动点。即使两端拉得很紧，依然可以轻松解开。

方法一：

一般最常使用的打法，适合用在绳索较粗时。

（1）将绳端先行交叉。

（2）将一头的绳索绕过主绳。

（3）将绳头穿过绳圈后拉紧完成（见图 6.29）。

图 6.29　8 字结绳索较粗时的结法

方法二：

适用于绳索较细时。

（1）将绳端对折，并用双手握住。

（2）把对折部分朝箭头方向转两圈。

（3）将绳头穿过绳圈。

（4）拉紧两端打好结（见图 6.30）。

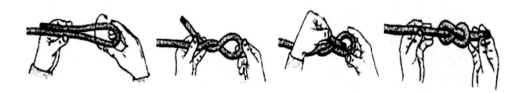

图 6.30　8 字结绳索较细时的结法

三、使用注意事项

（1）严格禁止把麻绳作为安全绳来使用。

（2）如果安全绳的长度超过了 3 m，一定要加装缓冲器，以保证高空作业人员的安全。

（3）两个人不能同时使用一条安全绳。

（4）在进行高危险作业的时候，为了使高空作业人员在移动中更加安全，在系好安全带的同时，要挂在安全绳上。

（5）若安全绳未能通过检查或其安全性出现问题，应更换安全绳并将旧绳报废。

（6）应保护安全绳不被磨损，在使用中尽可能避免接触尖锐、粗糙或可能对安全绳造成划伤的物体。

（7）安全绳使用时如必须经过墙角、窗框、建筑外沿等凸出部位，应使用绳索护套或便携式固定装置、墙角护轮等设备以避免绳体与建筑构件直接接触。

（8）不应将安全绳暴露于明火或高温环境。

（9）产品说明书与安全绳分开时，应将其保存并做记录。将安全绳产品说明书备份，将备份件与安全绳放在一起。

（10）使用前后应仔细检查整根绳索外层有无明显破损、高温灼伤，有无被化学品浸蚀，内芯有无明显变形，如出现上述问题，或安全绳已发生剧烈坠落冲击，该安全绳应立即报废。安全绳至使用年限后应立即报废。

（11）安全绳达到以下状态之一者应做退役处理：外层（耐磨层）发生大面积破损或有绳芯露出。连续使用（参加抢险救援任务）300 次（含）以上。外层（耐磨层）沾有久洗不除的油污及易燃化学品残留物，影响使用性能时。内层（受力层）损坏严重而无法修复。服役 5 年以上。

（12）严禁在地面上拖拉安全绳，不要踩踏安全绳，拖拉和踩踏安全绳会使沙砾碾磨安全绳表层，导致安全绳磨损加速。

四、保养维护

每年至少一次的检测，检测由制造商或专家进行。根据储存和操作条件，正常情况下纺织绳索的磨损期限为 7 年。

（1）洗涤。清洗时提倡使用专用的洗绳器具，应该使用中性的洗涤剂，然后用清水冲洗干净，放置在阴凉的环境中风干，不要放在太阳下暴晒。不得浸入热水中，不得日光曝晒或用火烘烤，不可使用硬质毛刷刷洗，不得使用热吹风机吹干。禁止使用酸、溶剂等化学物质进行清洗。

（2）储存。安全绳应保持清洁干燥，防止潮湿腐烂。安全绳如长期存放，要置于干燥、通风的库房内，不得接触高温、明火、强酸和尖锐的坚硬物体，不得暴晒。

（3）检查：每次使用安全绳后，应该认真检查安全绳外层（耐磨层）有无划伤或严重磨损，有无被化学物质腐蚀、变粗、变细、变软、变硬或绳套出现严重破损等情况（可以用手摸的方法检查安全绳的物理形变），如果发生上述情况，请立即停止使用该安全绳。每周进行一次外观检查，检查内容包括：有无划伤或严重磨损，有无被化学物质腐蚀、严重掉色，有无变粗、变细、变软、变硬，绳包有无出现严重破损等情况。

第四节　高空安全带

一、概　述

高空安全带是预防高处作业工人坠落事故的劳动防护用品，避免、减少作业人员受坠落伤害。高空安全带由带子、绳子和金属配件组成，总称安全带，适用于电气安装和维修等高空作业，以及围杆、悬挂、攀登及外线电工，电信工人作业，电线维修等相似工种。不适用于消防和吊物。我国现行的高空安全带方面的规范为《安全带》（GB 6095—2009）。

高空安全带按工作情况分为高空作业绵纶安全带、架子工用锦纶安全带、电工用绵纶安全带等 3 类。

按照使用条件的不同，可以分为以下 3 类，各类安全带的一般组成见表 6.2。

表 6.2　安全带组成

分　类	部件组成	挂点装置
围杆作业安全带	系带、连接器、调节器（调节扣）、围杆带（围杆绳）	杆（柱）
区域限制安全带	系带、连接器（可选）、安全绳、调节器、连接器	挂点
	系带、连接器（可选）、安全绳、调节器、连接器、滑车	导轨
坠落悬挂安全带	系带、连接器（可选）、缓冲器（可选）、安全绳、连接器	挂点
	系带、连接器（可选）、缓冲器（可选）、安全绳、连接器、自锁器	导轨
	系带、连接器（可选）、缓冲器（可选）、速差自控器、连接器	挂点

1. 围杆作业安全带

通过围绕在固定构造物上的绳或带，将人体绑定在固定的构造物附近，使作业人员的双手可以进行其他操作的安全带。适用于电工、电信工、园林工等杆上作业，主要品种有：电工围杆单腰带式、电工围杆带防下脱式、通用 I 型围杆绳单腰带式、通用 II 型围杆绳单腰带式、电信工围杆绳带式和牛皮电工保安带等（见图 6.31）。

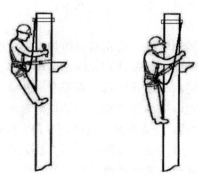

图 6.31　围杆作业安全带示意图

2. 区域限制安全带

用以限制作业人员的活动范围，避免其到达可能发生坠落区域的安全带（见图 6.32）。

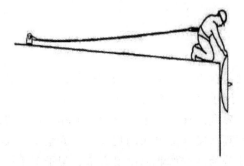

图 6.32　区域限制安全带示意图

3.坠落悬挂安全带

当高处作业发生坠落时，将作业人员悬挂在空中的安全带，称为坠落悬挂安全带，如图6.33所示。

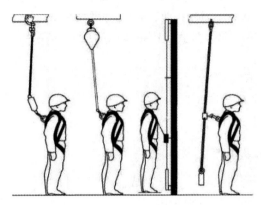

图 6.33　坠落悬挂安全带示意图

安全带按结构分三点式安全带和五点式安全带两类。其中，五点式安全带又被称作全身安全带，有背带和跨带，适用于建筑、电信和安装、维修、清洁等高空作业。

目前常用的为双背式安全带。根据安全带和安全带扣的材质不同，又细分出很多品种（见图 6.3）。

表 6.3　常用双背带式安全带

双背双保险安全带	红色带式，腰带 1 根，垮双肩，保险绳 1 根，围杆带，板钩 2 个，三道 3 个、D 字环 2 个、三角 2 个、品字环 1 个、龙头挂板 1 个、30#三道 1 个
	红色绳式，腰带 1 根，垮双肩，保险绳 1 根，围杆带，板钩 2 个，三道 2 个、D 字环 2 个、三角 2 个、品字环 1 个、龙头挂板 1 个、30#三道 1 个
全身双保险安全带	红色带式，腰带 1 根，垮肩腿，保险绳 1 根，围杆带，板钩 2 个，三道 3 个、D 字环 2 个、三角 2 个、品字环 1 个、龙头挂板 1 个、30#三道 1 个
	红色绳式，腰带 1 根，垮双肩腿，保险绳 1 根，围杆绳，板钩 2 个，三道 3 个、D 字环 2 个、三角 2 个、品字环 1 个、龙头挂板 1 个、30#三道 1 个

二、原　理

在发生坠落时将冲击力分散在双臂，双跨和腰部，使作用在腰部的冲击力降低到最小。

三、结构及技术参数

高空全包式安全带又称作五点式安全带，双背安全带，全身安全带。选用绵纶织带，各种金属配件采用 45 钢精密冲压而成。经探伤机测试合格，腰带拉力达到 16 000 N，模拟人体冲击试验，负荷为 980 N，具有良好缓冲性，可吸收冲击力为 3 000 N，耐磨系数为万次以上，耐老化、潮湿、防霉蛀，在气温 −45 ~ 120 ℃ 的情况下，均可使用。

1. 安全带按品种系列

采用汉语拼音字母，依前、后顺序表示不同工种、不同使用方法、不同结构的安全带。符号含义如下：D——电工，DX——电信工，J——架子工，L——铁路调车工，T——通用（油漆工、造船、机修工等），W——围杆作业，W1——围杆带式，W2——围杆绳式，X——悬挂作业，P——攀登作业，Y——单腰带式，F——防下脱式，B——双背带式，S——自锁式，H——活动式，G——固定式。

符号组合表示举例如下：

DW1Y——电工围杆带单腰带式。

TPG——通用攀登固定式。

2. 安全带材料要求及其有关技术条件

安全带和绳必须用锦纶、维纶、蚕丝制成。电工围杆可用黄牛革带。金属配件用普通碳素钢或铝合金钢。包裹绳子的套则采用皮革、维纶或橡胶。腰带必须是一整根，其宽度为 40～50 mm，长度为 1 300～1 600 mm。护腰带宽度不小于 80 mm，长度为 600～700 mm。带子在触腰部分垫有柔软材料，外层用织带或轻革包好，边缘圆滑无角。带子颜色主要采用深绿、草绿、橘红、深红，其次为白色。缝线颜色必须与带子颜色一致。安全绳直径不小于 13 mm，捻度为（8.5～9）/100（花/mm）。吊绳、围杆绳直径不少于 161 捻，捻度为 7.5/100（花/mm）。

金属钩必须有保险装置，铁路专用钩则例外。自锁钩的卡齿用在钢丝绳上时，硬度为 HRC60。金属钩舌弹簧有效复原次数不少于 20 000 次。钩体和钩舌的咬口必须平整，不得偏斜。金属配件圆环、半圆环、三角环、8 字环、品字环、三道联，不许焊接，边缘应成圆弧形。调节环只允许对接焊。金属配件表面要光洁，不得有麻点、裂纹，边缘呈圆弧形，表面必须防锈。不符合上述要求的配件，不准装用。

四、使用说明及操作

1. 使用方法

第一步连接系带与安全绳。第二步系胸带。第三步系腰带。第四步系腿带。第五步安全带穿戴完毕。

2. 注意事项

（1）每次使用安全带时，应查看标牌及合格证，检查尼龙带有无裂纹，缝线处是否牢靠，金属件有无缺少、裂纹及锈蚀情况，安全绳应挂在连接环上使用。

（2）安全带应高挂低用，并防止摆动、碰撞，避开尖锐物质，不能接触明火。

（3）禁止将吊绳与安全绳共用连接器。

（4）作业时应将安全带的钩、环牢固地挂在系留点上。

（5）不宜接触 120 ℃ 以上高温、明火、强酸、苯酚等化学溶剂，以及带有棱角的坚硬物体。在低温环境中使用安全带时，要注意防止安全带变硬割裂。

（6）使用频繁的安全绳应经常做外观检查，发生异常时应及时更换新绳，并注意加绳套的问题。

（7）如有污垢时，可放入低温水内用肥皂擦洗，再用清水漂净晾干。但不允许浸入沸水及在日光下暴晒，或用火烤。

（8）应储藏在干燥、通风良好及日光晒不到的场所，如无木地板，应垫高 20 cm 以上。

（9）安全带上的各种部件不得任意拆除。更换新件时，应选择合格的配件。

五、保养维护

安全带使用 2 年后，按批量购入情况，抽验一次，围杆带做静负荷试验，以 2 206 N（225 kg）拉力拉 5 min，无破断可继续使用。悬挂安全带冲击试验时，以 80 kg 质量自由坠落试验，若不破裂，该批安全带可以继续使用，对抽试过的样带，必须更换安全绳后，才能继续使用。

第五节　其他坠落预防和坠落保护器材

一、消防安全带

1. 概　述

消防安全带是消防员在灭火战斗中用来登高作业，保护自己预防坠落伤亡的防护用品，它与消防安全绳、安全钩等其他装置配套使用，具有自救和救人的功能。现行的安全带方面的标准为《安全带》（GB 6095—2009）。

2. 结　构

两个半圆环上各挂一只安全钩，作业人员在吊上或吊下时起到平衡作用。该安全带是作业人员登高安全保护的可靠装备，亦可作为其他部门的劳保安全带用（见图 6.34）。

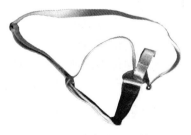

图 6.34　消防安全带

3. 技术参数

安全带结构及技术参数如下：

1）总体结构

（1）安全带与身体接触的一面不应有突出物，结构应平滑。

（2）安全带不应使用回料或再生料，使用皮革不应有接缝。

（3）安全带可同工作服合为一体，但不应封闭在衬里内，以便穿脱时检查和调整。

（4）安全带按规定的方法进行模拟人穿戴测试，腋下、大腿内侧不应有绳、带以外的物品，不应有任何部件压迫喉部、外生殖器。

（5）坠落悬挂安全带的安全绳同主带的连接点应固定于佩戴者的后背、后腰或胸前，不应位于腋下、腰侧或腹部。

（6）坠落悬挂安全带应带有一个足以装下连接器及安全绳的口袋。

2）零部件

（1）金属零件应浸塑或电镀以防锈蚀。

（2）调节扣不应划伤带子，可以使用滚花的零部件。

（3）所有零部件应顺滑，无材料或制造缺陷，无尖角或锋利边缘。8字环、品字环不应有尖角、倒角，几何面之间应采用R4以上圆角过渡。

（4）金属环类零件不应使用焊接件，不应留有开口。

（5）连接器的活门应有保险功能，应在两个明确的动作下才能打开。

（6）金属零件应无红锈，或其他明显可见的腐蚀痕迹，但允许有白斑。

（7）在爆炸危险场所使用的安全带，应对其金属件进行防爆处理。

3）织带与绳

（1）主带扎紧扣应可靠，不能意外开启，主带应是整根，不能有接头。主带宽度不应小于40 mm，辅带宽度不应小于20 mm。

（2）腰带应和护腰带同时使用。

（3）安全绳（包括未展开的缓冲器）有效长度不应大于2 m，有两根安全绳（包括未展开的缓冲器）的安全带，其单根有效长度不应大于1.2 m。

（4）安全绳编花部分可加护套，使用的材料不应同绳的材料产生化学反应，应尽可能透明。

（5）护腰带整体硬挺度不应小于腰带的硬挺度，宽度不应小于 80 mm，长度不应小于600 mm，接触腰的一面应有柔软、吸汗、透气的材料。

（6）织带和绳的端头在缝纫或编花前应经燎烫处理，不应留有散丝。

（7）织带折头连接应使用线缝，不应使用铆钉、胶粘、热合等工艺。

（8）钢丝绳的端头在形成环眼前应使用铜焊或加金属帽（套）将散头收拢。

（9）织绳、织带和钢丝绳形成的环眼内应有塑料或金属支架。

4. 使用说明及操作

（1）检查安全带，握住安全带背部衬垫的D形环扣，保证织带没有缠绕在一起。

（2）开始穿戴安全带将安全带滑过手臂至双肩。保证所有织带没有缠结，自由悬挂。肩带必须保持垂直，不要靠近身体中心。

（3）腿部织带抓住腿带，将他们与臀部两边的织带上的搭扣连接。将多余长度的织带穿入调整环中。

（4）胸部织带将胸带通过穿套式搭扣连接在一起。胸带必须在肩部以下 15 cm 的地方，多余长度的织带穿入调整环中。

（5）调整安全带：

① 肩部：从肩部开始调整全身的织带，确保腿部织带的高度正好位于臀部的下方，背部 D 型环位于两肩胛骨之间。

② 腿部：然后对腿部织带进行调整，试着做单腿前伸和半蹲，调整使用的两侧腿部织带长度相同。

③ 胸部：胸部织带要交叉在胸部中间位置，并且大约离开胸部底部 3 个手指导宽的距离。

5. 保养维护

（1）安全带使用期一般为 3~5 年，发现异常应提前报废。

（2）安全带的腰带和保险带、绳应有足够的机械强度，材质应有耐磨性，卡环（钩）应具有保险装置，保险带、绳使用长度在 3 米以上的应加缓冲器。

（3）使用安全带前应进行外观检查。

（4）组件完整、无短缺、无伤残破损。

（5）绳索、编带无脆裂、断股或扭结。

（6）金属配件无裂纹、焊接无缺陷、无严重锈蚀。

（7）挂钩的钩舌咬口平整不错位，保险装置完整可靠。

（8）铆钉无明显偏位，表面平整。

二、安全防坠网

1. 概　述

安全网分为普通安全网、阻燃安全网、密目安全网、拦网、防坠网。材质有锦纶、维纶、涤纶、丙纶、聚乙烯、蚕丝等。安全防坠网适用于高层建筑施工、造船、修船、水上装卸、大型设备安装及其他高空、作业场所，用来防止人、物坠落或用来避免减轻坠落物击伤（见图 6.35）。

图 6.35　安全防坠网

2．结构及技术参数

（1）防坠网要求：

① 承重不低于 150～250 kg。

② 网体、边绳为高强度聚乙烯等类耐潮防腐材料。

③ 网体的网绳直径≥8 mm，边绳直径≥12 mm。网绳相互打结成正方形，孔边长≤80 mm，边绳再将整张网打结贯穿连接，在固定到池壁的膨胀螺栓挂钩上。

④ 网孔直径≤80 mm。

（2）防坠网吊挂或钩型膨胀螺栓（膨胀钩子、膨胀钩）要求：

① 材质为 201、304 不锈钢。

② 螺杆直径 10 mm，长度 100 mm。

（3）防坠网施工要求：

① 在井壁按间距 200 mm 确定膨胀螺栓孔位级及数量，沿四周大致均分，基本水平。

② 钻孔至适合膨胀螺栓的长度。

③ 清孔。

④ 插入膨胀螺栓，钩向上，拧紧固定。

⑤ 挂防坠网。

⑥ 合格测试：用 150 kg 重物置于网中 2～3 min 后取出。要求井壁无破损，膨胀螺栓不松不折，防坠网无破裂。

3．使用说明及操作

（1）高处作业部位的下方必须挂安全网。当建筑物高度超过 4 m 时，必须设置一道随墙体逐渐上升的安全网，以后每隔 4 m 再设一道固定安全网。在外架、桥式架，上、下对孔处都必须设置安全网。

（2）安全网的架设应里低外高，支出部分的高低差一般在 50 cm 左右。支撑杆件无断裂、弯曲。网内缘与墙面间隙要小于 15 cm。网最低点与下方物体表面距离要大于 3 m。

（3）安全网架设所用的支撑，木杆的小头直径不得小于 7 cm，竹杆小头直径不得小于 8 cm，撑杆间距不得大于 4 m。

（4）使用前应检查安全网是否有腐蚀及损坏情况。施工中要保证安全网完整有效、支撑合理，受力均匀，网内不得有杂物。搭接要严密牢靠，不得有缝隙，搭设的安全网，不得在施工期间拆移、损坏，必须到无高处作业时方可拆除。

（5）因施工需要暂拆除已架设的安全网时，施工单位必须通知、征求搭设单位同意后方可拆除。施工结束必须立即按规定要求由施工单位恢复，并经搭设单位检查合格后，方可使用。

（6）要经常清理网内的杂物，在网的上方实施焊接作业时，应采取防止焊接火花落在网上的有效措施。网的周围不要有长时间严重的酸碱烟雾。

（7）安全网在使用时必须经常地检查，并有跟踪使用记录，不符合要求的安全网应及时处理。安全网在不使用时，必须妥善的存放、保管，防止受潮发霉。

（8）新网在使用前必须查看产品的铭牌。

① 首先看是平网还是立网，立网和平网必须严格地区分开，立网绝不允许当平网使用。

② 架设立网时，底边的系绳必须系结牢固。

③ 生产厂家资质证、生产厂家的生产许可证、产品的出厂合格证，若是旧网在使用前应做试验，并有试验报告书，试验合格的旧网才可以使用。

4. 保养维护

（1）避免把网拖过粗糙的表面或锐边。

（2）严禁人依靠或将物品堆积压向安全网。

（3）避免人跳进或把物品投入网内。

（4）避免大量焊接或其他火星落入安全围网。

（5）避免围网周围严重的酸、碱烟雾。

（6）必须经常清理安全网上的附着物，保持安全网工作表面清洁。

三、高处作业吊篮

1. 概　述

高处作业吊篮是指悬挂机构架设于建筑物或构筑物上，提升机驱动悬吊平台通过钢丝绳沿立面上下运行的一种非常设悬挂设备（见图 6.36）。

按驱动方式分为：手动、气动和电动。按提升形式分为：爬升式、卷扬式。按吊篮结构层数分为：单层、双层和 3 层。按照额定载质量分：100 kg、150 kg、200 kg、250 kg、300 kg、350 kg、400 kg、500 kg、630 kg。

现行的高处作业吊篮相关法律规范有《高处作业吊篮安装、拆卸、使用技术规程》（JB/T 11699—2013）、《高处作业吊篮》（GB 19155—2017）。

图 6.36　高处作业吊篮

2. 原　理

高空作业吊篮是用特制钢丝绳从建筑物上，通过悬挂机构，在爬升式提升机的作用下，使悬挂吊篮沿立面上下移动的一种比较特殊的建筑施工机械。

3. 结构及技术参数

高空作业吊篮需满足一下要求：

（1）吊篮在动力试验时，应有超载 25% 额定载重量的能力。

（2）吊篮在静力试验时，应有超载 50% 额定载重量的能力。

（3）吊篮额定速度不大于 18 m/min。

（4）手动滑降装置应灵敏可靠，下降速度不应大于 1.5 倍的额定速度。

（5）吊篮在承受静力试验载荷时，制动器作用 15 min，滑移距离不得大于 10 mm。

（6）吊篮在额定载重量下工作时，操作者耳边噪声值不大于 85 dB（A），机外噪声值不大于 80 dB（A）。

（7）吊篮上所设置的各种安全装置均不能妨碍紧急脱离危险的操作。

（8）吊篮的各部件均应采取有效的防腐蚀措施。

4. 使用说明及操作

（1）操作前检查：

① 检查悬挂机构、各紧固连接件是否可靠，工作绳是否张紧。

② 检查电源线有无破损，插头是否拧紧，线头是否接牢。

③ 检查安全锁是否动作灵敏、锁绳可靠，如有故障必须及时排除后方可使用。

④ 按说明书规定检测安全锁的实际锁绳距离，确认合格后方可作业。

⑤ 安全绳应受力预紧绷直。

⑥ 开始吊篮升降时，检查电动机、制动器、限位装置是否工作正常。

（2）操作中检查：

① 必须经常检查提升机电机是否过热，如有过热应停止使用。

② 使用中发生故障，应立即停止使用，由维修人员排除故障后方可再次使用。

③ 吊篮下降至在地面前，应在地面上垫好枕木，以保护吊篮不被冲击变形。

④ 升降操作时，应使工作平台与墙面保持合理距离，防止平台在运行中挂住墙面凸出物。

⑤ 如在操作过程中，发生吊篮总体的一边倾斜，应向另一方移动篮内载重，使吊篮受载均匀。

（3）操作后检查：

① 作业完毕，应把吊篮停在较低位置并与建筑物固定。

② 将吊篮内杂物清扫干净，以减轻吊篮自重。

③ 切断电源，锁好电控柜，操作工方可离去。

5. 保养维护

（1）每天下班，必须切断电源，同时将操纵开关拆下，妥善保管，锁住电箱门。下雨、浓雾天，提升机、安全锁、电气箱最好用塑料布遮好，防止渗水，受潮漏电。

（2）安全锁活动部位每一个月加一次润滑油，每隔 3 个月必须调整一次，安全锁必须在有效标定期限内使用，有效标定期不得超过一年。

（3）提升机第一次使用满 20~30 天需更换润滑油，以后每半年更换一次润滑油。

（4）在存放和运输中，应将钢丝绳捆扎成直径约为 60 mm 的圆盘，不得在其上堆放重物，防止损坏。

（5）每日工作后要清除提升机和安全锁及其他外露部分表面污物。及时清除钢丝绳上沾有的污物，尽力去除锈迹。

（6）作业后应将篮内杂物打扫干净。按规定执行日检查、月保养制度。

第七章　气防器材

第一节　电动空呼充气泵

一、概　述

电动空呼充气泵是通过电力驱动马达的运转来工作的，是一种充气工具。主要是通过电力驱动，产生压缩空气，给空气呼吸器进行充气，让空气呼吸器达到要求的工作压力后，可继续投入使用（见图 7.1、图 7.2）。

图 7.1　电动空呼充气泵主视图　　　　　　图 7.2　空呼充气泵俯视图

二、原　理

空气呼吸器充气泵采用气泵提取空气，并压缩填充到正压式空气呼吸器储气瓶内。通常空气供气源采用模块化设计，集成式充气控制面板设在设备正面。采用数字控制形式，操作方便。空气压缩机安装在固定基架上，置于机箱内部，振动较小。电动空气呼吸器充气泵的驱动源是电动机。采用活性炭、分子筛和一氧化碳吸收分子构成的三重呼吸空气净化系统，确保呼吸空气的清洁与安全。

三、结构及技术参数

常用的如 JUNIORII1.53-LS90LT 型电动空气呼吸器充气泵的技术参数有：
（1）流量：100 L/min。
（2）充气压力：330 bar。

（3）充气量：100 L/min。

（4）电源：380 V。

（5）转速：300 r/min。

（6）充气时间：6.8 L 的气瓶约 17 min 充满。

四、使用说明及操作

（1）在使用空气呼吸器充气泵时，应先检查有关空气滤芯的使用情况及检查充气泵的润滑油的液位。

（2）打开空气呼吸器充气泵总电源开关，然后开启压缩机电源开关。

（3）开始工作时，要检查压缩机转动方向，如异常应停机检查。

（4）如果机器运转正常，打开冷凝水排放阀。

（5）关闭排放阀和充气阀，将气瓶与充气阀连接。

（6）打开空气呼吸器充气泵充气阀、打开气瓶阀，充气开始（注意：在充气过程中，必须每隔 15 分钟打开排水旋钮，排放冷凝水）。

（7）当充气压力表上升到 30 MPa 时，充气结束。

（8）关闭空气呼吸器充气泵气瓶阀、关闭充气阀，并卸掉充气阀中的高压气体。

（9）取下气瓶，关闭电源开关停机。

（10）从充气阀和冷凝水排放阀卸掉高压气体。

五、保养维护

（1）使用该设备专用润滑油，更换周期为每运行 1 000 h 或每年。

（2）有空气滤芯和活性炭滤芯两种。当高压管排放出的空气里含有异味或者有油烟时必须更换活性炭滤芯（工作时间不得超过 40 h）。空气滤芯每 20 h 检查并用低压干空气吹洗或更换。

（3）V 形皮带，每 25 h 或 30 h 检查一下松紧度，当皮带中部承受 50 N 的压力时其最大偏高度不得超过 5 mm。

第二节 防毒面具

一、概 述

防毒面具是一种呼吸道防护器材，其用途是戴在头上保护人的呼吸器官、眼睛和面部，防止毒气、粉尘、细菌、有毒有害气体或蒸汽等有毒、有害物质伤害的个人防护器材。广泛应用于石油、化工、矿山、冶金、军事、消防、抢险救灾、卫生防疫和科技环保、机械制造等领域。

防毒面具按其功能分为过滤式和隔绝式两种。过滤式由面罩和滤毒罐（或过滤元件）组成。面罩包括罩体、眼窗、通话器、呼吸活门和头带（或头盔）等部件。滤毒罐用以净化有毒气体，内装滤毒层和吸附剂，也可将这 2 种材料混合制成过滤板，装配成过滤元件。较轻的（200 g 左右）滤毒罐或过滤元件可直接连在面罩上，较重的滤毒罐通过导气管与面罩连接。过滤式呼吸防护用品只能在不缺氧的环境（即环境空气中氧的含量不低 18%）和低浓度毒污染环境使用，一般不用于罐、槽等密闭狭小容器中作业人员的防护。隔绝式由面具本身提供氧气，分贮气式、贮氧式和化学生氧式 3 种。隔绝式面具主要在高浓度染毒空气（体积浓度大于 1% 时）中，或在缺氧的高空、水下或密闭舱室等特殊场合下使用。相关现行的国家标准是《呼吸防护自吸过滤式防毒面具》（GB 2890—2009）。

二、原　理

过滤式防毒面具借助过滤材料，将空气中的有害物去除后供呼吸使用，其中靠使用者吸气克服过滤阻力的称为自吸过滤式，靠动力（如电动风机）克服过滤阻力的为动力送风过滤式。过滤式主要由过滤部件和面罩两部分组成，简易防尘口罩则用过滤材料构成面罩本体。根据面罩部分，自吸过滤式又分半面罩和全面罩两种。半面罩可罩住口、鼻部分，有些也包括下巴。全面罩罩住整个面部区域，包括眼睛。半面罩和全面罩也叫密合型面罩，依靠面罩和人脸呼吸区域的密合提供防护，让使用者只吸入经过过滤的洁净空气。隔绝式防毒面具的防毒机理是人的呼吸器官与外界隔绝，通过面具提供的气体呼吸，人体不与外界有毒有害气体接触（见图 7.3 ~ 7.5）。

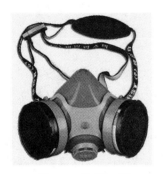  

图 7.3　防毒口罩　　　图 7.4　过滤式防毒面具　　　图 7.5　导管式防毒面具

三、结构及技术参数

防毒面具主要是由过滤元件、罩体、眼窗、呼气通话装置以及头带等部件组成（见图 7.6）。

过滤元件只允许清洁空气通过。内部装有吸附气溶胶（悬浮在空气中的微小颗粒）的过滤层，又叫滤烟层，实际上是一层特制过滤纸。它既要高效率地滤除有害物气溶胶粒子，又要对人体的呼吸不产生明显的阻力。

面具罩体是将防毒面具各部件构成一整体的主要部件。它要适合多种头型的人佩戴，既要密合，不让有毒物乘隙而入，又不至给人造成面部压疼。常见的全面罩参数规格如下：

（1）规格型号：防毒面具全面罩。

（2）材质：硅胶、增强聚碳酸酯镜片。

（3）防毒时间：同选定滤毒罐的性能。

（4）适用环境：适用于危害呼吸系统但不会立即危害生命健康的场所。

（5）防护范围：粉尘、重烟、雾滴、毒气、毒蒸气以及那些肉眼看不见的微小物质。

（6）呼气阻力：≤98 Pa（30 L/min）。

（7）接口：快速旋拧卡口。

（8）质量：510 g（不含滤毒件）。

（9）视野：总视野≥75%；双目视野≥60%；下方视野≥40°；面罩镜片透光率≥89%。

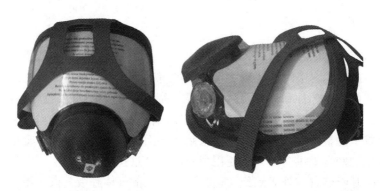

图 7.6　3M6800 防毒面具

四、使用说明及操作

选择自吸过滤式呼吸防护用品之前，首先需要对作业场所的空气污染物进行辨识，根据工作环境中有害物质的浓度和形态，来选择与之相适应的防护性能，即选择呼吸器防护等级和过滤元件的类型。

在选择过滤元件类型时，最常见的问题是没有分清防尘和防毒的区别。过滤颗粒物和过滤有毒气体或蒸气，在过滤机理上截然不同，无法相互取代。如果用防尘口罩去防毒，或者用滤毒盒去防尘，都无法起到有效的防护作用。在既有颗粒物又存在有害气体或蒸气的工作环境，必须同时使用防尘和防毒过滤元件。

1. 气密性检查

（1）直观检查：面罩气密性优劣，直接关系到人身生命安全，首先应检查表面是否发霉、发黄或沾有油污以及老化等问题。再把面罩适当拉长，对着光亮处照看有无孔洞和裂纹。然后检查眼窗、活门盒是否完好，安装是否牢固，镜片是否破碎，金属部件是否生锈等，以免因泄漏而中毒。

（2）一般气密检查：使用者自己戴好面具，用手堵住滤毒罐底部的气阀门，同时用力吸气，若感到闭塞不透气，则说明基本上是气密的。否则，就是漏气。

2．佩戴方法

（1）解开头带底部搭扣，将面罩盖住口鼻。

（2）拉起上端头带，使头部舒适地置于头顶位置。

（3）双手在颈后将头罩底部搭扣扣住。

（4）调整头带松紧，将面罩与脸部密合良好，先调整前端头带，然后调整颈后头带，如头带拉得过紧，可用手指向外推塑料片，将头带放松（见图7.7）。

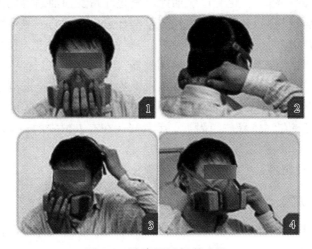

图 7.7　防毒面具佩戴步骤

五、保养维护

（1）面罩要放在通风、阴凉、干燥的地方，避免阳光照射使橡胶老化，不能接触油污和酸碱，每次用过后擦净，涂上滑石粉存放。

（2）新面罩使用前要擦去滑石粉。旧面罩每次使用前最好用 70%～75% 的酒精消毒处理和用清水冲洗。如果没有滑石粉，就用清洁的纸张衬在面罩内，再用纱布包在面罩外面。

（3）滤毒罐要保持滤毒罐内部的严密。并应存放在干燥清洁的地方，防止接触不洁净的空气。

（4）当防尘口罩或滤棉破损、脏污时，应及时更换。

（5）对于滤毒盒，可根据作业环境中空气污染物浓度、环境温湿度及作业强度等因素，通过预测过滤元件的使用寿命，建立定期更换时间表，保证在过滤元件失效前更换。

（6）应注意不允许采取任何方法自行延长已经失效的过滤元件的使用寿命，更不能自行装填滤毒盒。

（7）可更换式半面罩和全面罩可以长期使用，但需要维护保养，以保持良好的使用性能。维护通常包括检查、保养、清洗、消毒和储存几个环节，可参考具体产品的使用说明书。

（8）当使用前检查发现面罩的呼气阀、吸气阀、头带等部件破损、老化、变形时，应及时更换这些部件。

（9）当面罩本体破损、老化、变形，应废弃整个面罩。

（10）每次使用后需要及时清洗面具。

第三节 气体检测仪

一、概 述

气体检测仪是在众多可能产生或具有易燃易爆气体（如 H_2、CH_4 等）、有毒有害气体（如 CO、H_2S、SO_2 等）的炼油厂、化工厂、油库、液化气站及加油站等场所，为防火、防爆、防毒而进行安全检测及报警的必备仪器，用于检测环境空气中易燃易爆气体爆炸下限浓度以内的含量及有毒有害气体的极限含量，即及时检测气体种类及浓度，发出报警信号或启动联锁保护装置。因此，气体检测仪作为重要监测仪器，在石油化工行业安全生产中有着大量应用，对防止发生中毒事故、减少人员伤亡，以及保护国家财产安全起到了极其重要的作用。

常用的固定式气体报警系统中的气体检测主要包括两部分：气体传感器（探头）、报警控制器（主机）。前者安装在气体释放源附近，后者安装在有人值守的控制室或操作室，二者一般通过电缆连接。

气体检测仪的种类繁多，一般可按以下类别分类。

1. 检测气体类别分类

气体检测仪按照检测对象分为可燃气体检测报警仪、有毒气体检测报警仪、氧气检测报警仪。

2. 气体检测仪检测原理分类

（1）可燃气体检测报警仪。催化燃烧型、半导体型、热导型、红外线吸收型。

（2）有毒气体检测报警仪。电化学型、半导体型、光电离子（PID）。

（3）氧气检测报警仪有电化学型等。

3. 气体检测仪使用方式分类

（1）便携式气体检测仪。一般用于检测人员巡查时使用，可以检测任意地点的气体浓度。

（2）固定式气体检测仪。一般固定安装在工厂危险气体容易泄漏的地方，对该地点的危险气体浓度不间断的监测。

4. 气体检测仪按照使用场所分类

气体检测仪按照使用场所可分为非防爆型、防爆型。

5. 气体检测仪按照采样方式分类

气体检测仪按照采样方式可分为扩散式、泵吸式。

我国现行的气体检测仪方面的规范有《作业场所环境气体检测报警仪通用技术要求》（GB 12358—2006）、《可燃气体探测器 第 1 部分：测量范围为 $0 \sim 100\%LEL$ 的点型可燃气体探测器》（GB 15322.1—2003）、《特种火灾探测器》（GB 15631—2008）等。

二、固定式气体检测仪

1. 原理

固定式检测器一般为两体式，由传感器和变送组成的检测头为一体安装在检测现场，由电路、电源和显示报警装置组成的二次仪表为一体安装在安全场所，便于监视。主要利用气体传感器来检测环境中存在的气体种类，气体传感器是用来检测气体的成分和含量的传感器。一般安装在特定气体最可能泄漏的部位，比如要根据气体的比重选择传感器安装的最有效的高度等。

固定式气体检测仪可检测硫化氢、一氧化碳、氧气、二氧化硫、磷化氢、氨气、二氧化氮、氰化氢、氯气、二氧化氯、臭氧和可燃气体等多种气体，广泛应用在石化、煤炭、冶金、化工、市政燃气、环境监测等多种场所现场检测，可以实现特殊场合测量需要，可对坑道、管道、罐体、密闭空间等进行气体浓度探测或泄漏探测（见图 7.8 ~ 7.9）。

图 7.8　固定式气体检测仪主视图　　图 7.9　固定式气体检测仪左视图

2. 结构及技术参数

固定式气体检测仪是气体检测仪的一种常见种类，主要由控制器和气体探测器两部分组成，正确安装这两个部分才能保证其正常运行。比如 SP-2104 固定式气体检测仪的技术参数为：

（1）工作电源：DC10-30 V，30 mA。

（2）功率：<2 W。

（3）负载电阻：260 Ω。

（4）环境温度：－ 20 ~ 50 ℃。

（5）外形尺寸：239 mm × 185 mm × 118 mm。

（6）检定周期：每年检定一次。

3. 使用说明及操作

（1）气体报警控制器应外壳接地或电源插头的地线接地。气体探测器应选择阀门、管道接口、出气口或易泄漏处附近方圆 1 m 的范围内安装，同时注意不要影响其他设备操作。

（2）要注意尽量避开高温、高湿环境，保证在探测器的使用温度和湿度范围内使用，要避开外部影响。气体报警控制器的外壳严禁破坏，以防影响其对静电等的屏蔽效果。

（3）气体探测器安装方式有多种，无论何种安装方式，都应确保固定牢靠，避免震动、灰尘和水，同时应考虑便于探测器的维护、标定。

（4）气体探测器安装时传感器应朝下固定，锁定螺母应完全拧紧，探头盖应完全盖好，用螺钉拧紧，以达到防爆标准。

（5）气体探测器应在断电情况下接线，确定接线正确后通电。应在确定现场无可燃气泄漏情况下，开盖调试探头。

（6）为确保其检测精度，气体探测器应至少每年标定一次。

（7）探头禁止纯气试验，注意严禁用打火机薰试，以防止探头由于过浓度的可燃气熏试而过早失效，且严禁经常性的测试。

（8）气体报警控制器避免与大型电机设备使用同路电源，最好采用相对独立的合适电源。

4. 保养维护

（1）保持探测器表面清洁，以免堵塞影响使用。

（2）经常检查探测器有无进水，以免因元件浸水而影响性能。

（3）不要用大量的气体直冲探测器，以免影响探测器寿命。

（4）非专业人员或者用户不准随意拆卸仪器。

（5）每月自检一次，对出现的问题进行整改。每月自检项目包括：

① 连接部件、可动部件、显示部件、控制旋钮。

② 故障指示灯。

③ 检测器防爆密封件和紧固件。

④ 检测器部件是否堵塞。

⑤ 检测器防水情况。

三、复合式气体检测仪

1. 功　能

以 M40 复合式气体检测仪为例进行说明（见图 7.10）。该设备内存可记录长达 50 h 的测量四气体浓度数据。大屏幕液晶显示器提供所有被监测气体的同步读数。额外的报警功能可在嘈杂环境中报警，向用户发出提示。明亮的指示灯视觉报警及 90 分贝听觉报警可在危险环境下提供保护。可实现 15 m 以内的远程采样检测。

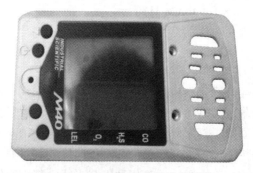

图 7.10　M40 复合式气体检测仪

2. 结构及技术参数

外壳：高强度，耐冲击复合材料、抗射频干扰（RFI）及电磁干扰（EMI）。

外形尺寸：10.9 cm × 6.22 cm × 3.48 cm。

质量：244 g，326 g（带泵）。

传感器配置：包括氧气、硫化氢（电化学传感器）及可燃气（催化燃烧式传感器）。

运行时间：18 h-仪器（无报警）。12 h-仪器带泵（无报警）。

数据记录：可记录长达 75 h 的数据。

温度范围： – 20 ~ 50 ℃。

湿度范围：15% ~ 95%RH（非凝结）。

防护等级：IP65。

有关数据参数见表 7.1。

表 7.1　数据参数表

检测气体	量程	分辨率
H_2S	0 ~ 500 ppm	1 ppm
CO	0 ~ 999 ppm	1 ppm
O_2	0 ~ 30% VOL	0.1%
可燃气体	0 ~ 100% LEL	1%

3. 使用说明及操作

（1）开机。按开机按钮 1 秒钟后再松开，则仪器开机，同时仪器发出一声蜂鸣并伴有振动。LCD 上所有的图标和数字段全部点亮。之后，仪器进入 20 s 倒计时。倒计时结束后 M40 进入常规气体检测读数模式。

（2）关机。持续按开机按钮 5 秒待仪器 5 次嗡鸣后即关机。

（3）M40 气体读数。一旦 M40 进入气体读数模式后，就开始对全部 4 种气体（O_2，LEL，CO，H_2S）进行连续不断地检测，并且同步更新液晶显示屏上的检测数据。如果上述任何一种气体的浓度超过了低浓度或高浓度的报警设定值，M40 就会发出报警。在报警状态下，仪器按一定频率发出低频嗡鸣（低浓度报警）、高频报警（高浓度报警）、光报警以及振动报警。

（4）操作模式为单循环操作模式，不可逆向操作。按上箭头五次或直接按电源键回到气体读数模式。

（5）低浓度报警设定值为 O_2：19.5；LEL：10；高浓度报警设定值为 O_2：23.5；LEL：20。

（6）仪器具有自动停泵功能，如果用一手堵住进气口，采样泵会自动停止，同时仪器会出现低流量报警现象，并且屏幕上显示闪烁的扇形图标。松开手让进气口畅通，过一会儿仪器会自动消除报警。

4. 保养维护

（1）清洗。必要时请用柔软而干净的布擦拭仪器外壳。千万不能使用溶剂或清洁剂之类的东西。请确保传感器的渗滤薄膜完整无碎片。清洗传感器窗孔时，要使用柔软干净的布或软毛刷。

（2）电池充电。在使用 M40 检测仪前须将锂电池盒充足电。要给内置电池盒充电，请将 M40 检测仪充电器的便携式充电导线插入仪器底部的充电端口中。该端口上有一个橡皮保护盖。若要确定连接是否妥当，请将充电插头上箭头与仪器底部标贴上的箭头对齐即可。电池盒应该在 5 h 内将完成充电。

（3）更换传感器。若要更换 M40 检测仪内的传感器，请先确定已将 SP40 采样泵与元件断开。将 SP40 采样泵取走以后，把 M40 检测仪翻过来，拆下元件 4 个角上的 4 枚螺丝。更换传感器应由专业人员严格按照说明书要求规范操作。

四、BW 硫化氢检测仪

1. 功　能

BW 硫化氢检测仪数显硫化氢气体浓度，浓度过高时声光震动报警，能够可靠监测硫化氢气体浓度，报警提示硫化氢浓度的危害程度，有效地保护人体生命安全。小巧而经济的单一气体检测仪在冶金、石油化工、市政、造纸、消防等领域具有广泛的应用（见图 7.11）。

图 7.11　BW 硫化氢气体检测仪

2. 结构和技术参数

（1）检测：硫化氢。

（2）量程：0 ~ 100 ppm。

（3）传感器：插接式电化学传感器（温度补偿）。

（4）报警指示：清晰地以听觉和视觉两种方式指示警报级别。

（5）读数：开机自检后显示气体的成分/浓度。

（6）相对湿度：5% ~ 95%RH 相对湿度（非冷凝）。

（7）工作温度： – 40 ~ 50 ℃。

（8）IP 等级：高防水性 IP66/67 防护等级。

（9）体积：28 mm × 50 mm × 95 mm。

（10）质量：82 g。

（11）传感器使用寿命：大于 3 年。

3. 使用说明及操作

（1）开机方法。按开关机按键——打开便携式硫化氢气体检测仪，仪表——鸣叫，LED 闪光、仪器振动，同时显示液晶显示屏的全部字符。仪表依次出现设置的一级报警值和二级报警值，30 s 预热后归零，进入监测状态。

（2）一级报警。当空气中硫化氢含量达到 10 ppm 时，仪器会发出慢速的鸣响，慢速的闪光，并且慢速的震动。

（3）二级报警。当空气中硫化氢含量达到 20 ppm 时，仪器会发出快速的鸣响，快速的闪光，并且快速的震动。

（4）关机方法。关机时按住开关机按键 5 秒以上直至显示 OFF 关机。

4. 保养维护

（1）测量值一旦达到或超过 100 ppm 后，仪器需送回安全防护站进行重新检定。

（2）正确佩戴和使用仪器，防止撞击或坠落损坏仪器。

（3）避免异物堵塞和腐蚀传感器孔、蜂鸣器孔。

（4）做好仪器的使用记录。

（5）使用柔软的湿布清洁仪器表面，严禁使用溶剂、肥皂、上光剂。

（6）严禁将仪器浸入液体中。

（7）更换合格的电池。

（8）严禁使用单位擅自对设备进行调校或报警测试。

第四节　空气呼吸器

一、概　述

空气呼吸器，是一种自给开放式呼吸器，空气呼吸器广泛应用于消防、化工、船舶、石油、冶炼、仓库、试验室、矿山等部门，供消防员或抢险救护人员在浓烟、毒气、蒸汽或缺氧等各种环境下安全有效地进行灭火，抢险救灾和救护工作。空气呼吸器是继氧气呼吸器后发展起来的新型防护面具，特点是具有大视野、防结雾的面罩，使用维护简单。采用高压气泵直接充入新鲜空气，无须充填氢氧化钙，也不用到制氧站充填氧气，其正压式呼吸系统具有更好的可靠性。设备的低压报警和夜视功能可提醒操作者及时撤离现场，以及在暗处观看钢瓶内剩余气压。

空气呼吸器按照使用时面罩内压力分为负压式空气呼吸器、正压式空气呼吸器。由于正压式空气呼吸器在使用过程中面罩内始终保持正压，具有良好的本质安全可靠性，目前已基本取代了负压式空气呼吸器，应用广泛。该呼吸器利用面罩与佩戴者面部周边密合，使佩戴者呼吸器官、眼睛和面部与外界染毒空气或缺氧环境完全隔离，自带压缩空气源供给佩戴者呼吸所用洁净空气，呼出的气体直接排入大气中，任一呼吸循环过程，面罩内的压力均大于环境压力。

1. 空气呼吸器按照供气方式分类

（1）动力式空气呼吸器。动力式是根据人员的呼吸需要供给所需的空气。

（2）定量式空气呼吸器。定量式是在使用过程中按一定的供气速率向佩戴者供给所需的空气。

2. 其他的空气呼吸器

（1）长管式空气呼吸器。长管呼吸器分为：单人自吸式长管呼吸器，两人电动送风式长管呼吸器，四人电动送风式长管呼吸器。

① 单人自吸式长管呼吸器：自吸式长管呼吸器又称贮气式防毒长管面具，有时也称为防尘长管面具。是借助人的肺力吸入经过滤的新鲜空气达到保护人体呼吸系统的安全防护装备（管长 10 m，1 人使用），进气端必须放置于无污染环境中。

② 电动送风式长管呼吸器：电动送风长管呼吸器是利用小型送风机将符合大气质量标准的新鲜空气经无毒无味长管供给使用者。是一种保护人体呼吸系统安全的防护装备。

（2）逃生空气呼吸器。

逃生呼吸器，用来防御缺氧环境或空气中有毒有害物质进入人体呼吸道的保护用具。紧急逃生呼吸装置装备一个能遮盖头部、颈部、肩部的防火焰头罩，头罩上有一个清晰、宽阔、明亮的观察视窗。

逃生型呼吸器可分为过滤式自救呼吸器、化学氧自救呼吸器。

空气呼吸器的工作时间一般为 30 ~ 360 min，根据呼吸器型号的不同，防护时间的最高限值有所不同。总的来说，空气呼吸器的防护时间比氧气呼吸器稍短。

我国现行的呼吸器方面的规范为有《自给开路式压缩空气呼吸器》（GB/T 16556—2007）、《正压式消防空气呼吸器标准》（GA 124—2013）、《工业空气呼吸器安全使用维护管理规范》（AQ/T 6110—2012）、《长管空气呼吸器》（GA 1261—2015）等。

二、正压式空气呼吸器

1. 原　理

压缩空气由高压气瓶经高压快速接头进入减压器，减压器将输入压力转为中压后经中压快速接头输入供气阀。当人员佩戴面罩后，吸气时在负压作用下供气阀将洁净空气以一定的流量进入人员肺部。当呼气时，供气阀停止供气，呼出气体经面罩上的呼气活门排出。这样形成了一个完整的呼吸过程。

适用于有毒、有害气体环境，烟雾、粉尘环境，空气中悬浮有害物质污染物环境，空气氧气含量较低，人不能正常呼吸的环境。常用于消防员或抢险救护人员在浓烟、毒气、蒸汽或缺氧等各种环境下安全有效地进行灭火，抢险救灾和救护工作。

2. 结构及技术参数

正压式空气呼吸器由 12 个部件组成（见图 7.12），各部件的特点介绍如下：

（1）面罩：为大视野面窗，面窗镜片采用聚碳酸酯材料，具有透明度高、耐磨性强、具有防雾功能，网状头罩式佩戴方式，佩戴舒适、方便，胶体采用硅胶，无毒、无味、无刺激，气密性能好。

（2）气瓶：为铝内胆碳纤维全缠绕复合气瓶，工作压力 30 MPa，具有质量轻、强度高、安全性能好的特点，瓶阀具有高压安全防护装置。

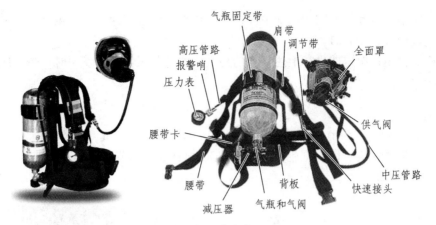

图 7.12 正压式空气呼吸器

（3）瓶带组：瓶带卡为一快速凸轮锁紧机构，并保证瓶带始终处于一闭环状态。气瓶不会出现翻转现象。

（4）肩带：由阻燃聚酯织物制成，背带采用双侧可调结构，使重量落于腰胯部位，减轻肩带对胸部的压迫，使呼吸顺畅。并在肩带上设有宽大弹性衬垫，减轻对肩的压迫。

（5）报警哨：置于胸前，报警声易于分辩、体积小、重量轻。

（6）压力表：大表盘、具有夜视功能，配有橡胶保护罩。

（7）气瓶阀：具有高压安全装置，开启力矩小。

（8）减压器：体积小、流量大、输出压力稳定。

（9）背托：背托设计符合人体工程学原理，由碳纤维复合材料注塑成型，具有阻燃及防静电功能，质轻、坚固，在背托内侧衬有弹性护垫，可使配戴者舒适。

（10）腰带组：卡扣锁紧、易于调节。

（11）快速接头：小巧、可单手操作、有锁紧防脱功能。

（12）供给阀：结构简单、功能性强、输出流量大、具有旁路输出、体积小。

3. 使用说明及操作

1）使用前检查

（1）检查全面罩的镜片、系带、环状密封、呼气阀、吸气阀是否完好，和供给阀的连接是否牢固。全面罩的各部位要清洁，不能有灰尘或被酸、碱、油及有害物质污染，镜片要擦拭干净。

（2）供给阀的动作是否灵活，与中压导管的连接是否牢固。

（3）气源压力表能否正常指示。

（4）检查背具是否完好无损，左右肩带、左右腰带缝合线是否断裂。

（5）气瓶组件的固定是否牢固，气瓶与减压器的连接是否牢固、气密。

（6）打开瓶头阀，随着管路、减压系统中压力的上升，会听到放气时检查报警。瓶头阀完全打开后，检查气瓶内的压力应在 24～30 MPa 范围内。

（7）检查整机的气密性，打开瓶头阀 2 min 后关闭瓶头阀，观察压力表的示值 1min 内的压力下降不超过 2 MPa。

（8）检查全面罩和供给阀的匹配情况，关闭供给阀的进气阀门，佩戴好全面罩吸气，供给阀的进气阀门应自动开启。

（9）根据使用情况定期进行上述项目的检查。空气呼吸器在不使用时，每月应对上述项目检查一次。

2）佩戴方法

（1）佩戴空气呼吸器时，先将快速接头拔开（以防在佩戴空气呼吸器时损伤全面罩），然后将空气呼吸器背在人身体后（瓶头阀在下方），根据身材调节好肩带、腰带，以合身牢靠、舒适为宜（见图 7.13）。

1.将气瓶阀门和减压器阀门连接

2.将供气阀安装在面罩卡口处

3.连接中压导管接头和供气阀快速接头

4.背起空气呼吸器 调整背带

5.扣上腰带扣并调节腰带长度

6.带好面罩 使面罩与面部紧密贴合

7.逆时针打开气瓶阀门 呼吸顺畅后进行作业

8.顺时针拧紧气瓶阀门

9.按住供气阀底部排出残余空气

图 7.13　正压式空气呼吸器使用步骤

（2）将供给阀的进气阀门置于关闭状态，打开瓶头阀，观察压力表示值，以估计使用时间。

（3）佩戴好全面罩（可不用系带）进行 2~3 次的深呼吸，感觉舒畅，屏气或呼气时供给阀应停止供气，无"丝丝"的响声。一切正常后，将全面罩系带收紧，使全面罩和人的额头、面部贴合良好并气密。在佩戴全面罩时，系带不要收的过紧，面部感觉舒适，无明显的压痛。全面罩和人的额头、面部贴合良好并气密后，此时深吸一口气，供给阀的进气阀门应开启。

（4）空气呼吸器使用后将全面罩的系带解开，将消防头盔和全面罩分离，从头上摘下全面罩，同时关闭供给阀的进气阀门。将空气呼吸器从身体卸下，关闭瓶头阀。

3）使用后处理

呼吸器使用后应及时清洗，先卸下气瓶，擦净器具上的油污，用中性消毒液洗涤面罩、口鼻罩，擦洗呼气阀片，最好用清水擦洗，洗净的部位应自然晾干。最后按要求组装好，并检查呼气阀气密性。使用后的气瓶必须重新充气，充气压力为 28～30 MPa。

4. 保养维护

（1）面罩的存放。空气呼吸器不使用时，全面罩应放置在保管箱内，全面罩存放时不能处于受压迫状态，收贮在清洁、干燥的仓库内，不能受到阳光曝晒和有毒有害气体及灰尘的侵蚀。

（2）面镜的维护保养。注意摩擦和撞击到粗糙、坚硬的物质，防止把面镜磨花，影响透光性和清晰度，甚至损坏。

（3）着装系带的保养。着装系带的材质为橡胶，平时在佩戴时应按要求松紧，不能用力过大，同时防止腐蚀性物质的损坏，发现损坏及时修复。

（4）呼气阀的保养。呼气阀应保持清洁，呼气阀膜片每年需要换一次，更换后应检查呼气阀气密性。

（5）传声器和供气阀连接口的保养。不能让一些物质进入内部，堵塞里边的小孔和撞击使塑胶材料破裂损坏，导致通话不清晰或与供气阀的连接不牢固。全面罩尽量在每次使用后用消毒剂进行消毒，避免各种疾病的交叉传染，待晾干后用专用布套存放。

（6）面罩的清洗、消毒。先用温水（最高温度 43 ℃）和中性肥皂水或清洁剂清洗，然后用干净的水彻底冲洗干净。消毒后，用饮用水彻底清洗面罩，清洗方法可用喷水枪喷或轻柔的流动水冲洗。摇晃面罩，去除水迹，或用干净的不含皮棉的布擦干，或用清洁干净纱布擦除表面脏迹。用海绵蘸 70% 异丙醇溶液擦洗面罩，进行消毒。用清洁干燥的 0.2 MPa 或以下压力的空气吹干。用清洁干净纱布擦除表面脏迹或用海绵或干净的软布擦除表面脏迹。检查供气阀内部如果已变脏，请被授权的人员来清洗。用 70% 异丙醇溶液擦洗供气阀连接口。晃动供气阀除去水分。在冲洗之前允许消毒液与零件接触 10 min。用饮用水清洗供气阀，清洗方法可用喷水枪喷或轻柔的流动水冲洗。内部清洁应由授权的专业人员来清洗。发现供气阀密封垫圈已损坏，应重新更换垫圈。

（7）背托、肩带、气瓶固定带的维护保养。在使用时轻拿轻放，防止碰撞和与尖锐物质摩擦造成损坏。每次使用结束后，如被水浸湿，需拿到干燥通风处阴干，忌暴晒。保存的时候要把各收紧带置于最大位置，确保能更好地把空气呼吸器绑在战斗员的身上。

（8）供气阀和中压软导管的维护保养。它的主要作用是用来向使用者提供空气，供气阀的作用在于开关供气阀，而应急冲泄阀的作用是用来辅助供气，除去面镜积雾和排放余气的。在使用时，要按说明书中的操作要求正确使用，不要把各连接口的"O"形圈损坏或丢失，不能在阳光下暴晒或与腐蚀物品接触，以免损坏。

（9）减压阀、报警哨、快速插头的维护保养。减压阀、报警哨、快速插头，在使用前后必须做认真的检查，看其装置是否完好有效，特别是被水浸湿后，要在干燥通风处晾干。对于快速插头还得加注一定的润滑油，保证完整好用。应定期用高压空气吹洗或用乙醚擦洗一下减压器外壳和"O"形密封圈，如密封圈磨损老化应更换。

（10）压力表的保养。在检查气瓶气压时也是对它的一个检查，在检查完后，要释放内存余气，确保压力表和中压软管不会在长时间受压情况下损坏。同时也不能用它测量超值压，避免超负荷。

（11）气瓶阀的保养。正确开关，平时需加注一定的润滑油。

（12）压缩空气瓶的保养。压缩气瓶主要来存放压缩空气，目前有钢质和碳纤维2种。在充气时应注意：充入空气不能超过额定的安全气压，空气湿度不能太大，湿度太大，会导致钢瓶内壁氧化腐蚀。在使用时不能激烈碰撞和与尖锐物摩擦，否则，轻则导致气瓶损坏，重则导致爆炸。必要时给气瓶（尤其是碳纤维气瓶）制作一个保护套，防止摩擦损坏。钢制气瓶还应刷一层防锈漆，避免气瓶外部受到氧化。充满气体的气瓶不能在阳光下暴晒和高温处存放，避免损坏或引起爆炸。

三、长管式空气呼吸器

1. 原　理

长管式呼吸器是一种以安装在小车上多个气瓶内储存的压缩空气为气源，并通过长管输送，供一人或两人同时使用的呼吸器。在使用长管呼吸器时，操作人员不需要身背气瓶，大大减轻了操作人员的工作负担，增强了身体的灵活性，适用于长时间在缺氧有毒环境使用，更适合于在狭窄的工作区域，如坑道、管道、深井等需长时间作业的场所内使用。两人同时使用时最大长度可达40 m，一人单独使用时可达50 m。

2. 结构及技术参数

1）组　成

长管式呼吸器由小车、气瓶、气瓶阀、单向阀、减压阀、安全阀、压力表、警报器、供气管、滚筒、快接插头、腰带、转换装置、应急供气装置、全面罩、供气阀、通化装置等组成（见图7.14）。

供给阀
低压表
高压表
高压气瓶
中压导管

图 7.14　长管空气呼吸器

2）技术参数

如 HKC 30 表示主供气管长度为 30 m 的长空空气呼吸器。长管空气呼吸器按照主供气管长度划分为 30 m，60 m。

3）结构要求

（1）呼吸器在使用中可能受到撞击的部分，不应使用铝、镁、钛及其合金等材料制造。

（2）佩戴者可能触摸到的部件表面应无锐利的棱角。

（3）呼吸器空气通道应有防止压缩气体中杂质造成堵塞的装置。

（4）小车上的气瓶应分只（组）交替工作，其安装位置应方便监护者更换气瓶，且更换气瓶时不应中断供气或影响其他气瓶的正常使用。气瓶外部应有防护套。

（5）气瓶的安装位置应方便监护者开启或关闭，压力表的安装位置应方便监护者观察到压力值。

（6）气瓶阀与减压阀的连接、主供气管与分供气管的连接、分供气管与转换装置的连接、转换装置与呼吸软管的连接、全面罩与供气阀的连接等应可靠，且不需使用专用工具。连接处若使用密封件，不应出现脱落或以移位。

（7）分供气管与转换装置的分离应方便、可靠、快捷，且不需使用专用工具。

（8）呼吸管正常使用时应保证应急供气装置气瓶处于常开状态，气瓶阀上应有压力指示器。

（9）背具带应能调节长度，扣紧后不应发生滑脱。

3. 使用说明及操作

（1）移动气源由 4 只气瓶组成 2 个独立气瓶组，2 组气瓶与减压器之间由单向阀控制，高压气源不会在 2 组气瓶间产生倒灌回流。气瓶可逐只、逐组开启使用，也可以全部开启同时使用，视具体需要自由确定。每组气瓶有一个泄压阀，可泄去高压管内的高压气体，便于更换气瓶，但不会泄下减压器输出端的低压气体和另一组气瓶内的气体。

（2）移动气源与逃生气瓶通过腰间阀进行组合，正常状态下直接使用移动气源的气体。发生紧急情况需要迅速撤离现场时，可打开逃生气瓶阀，并向安全地带撤离。

（3）移动气源配有 30 m 供气管 1 根，10 m 供气管 2 根，最大叠加长度为 50 m。30 m 管上配有 Y 型三通 1 只，可以供 2 个人员同时使用移动气源的压缩空气。

（4）使用方法：取出专用腰、背带，根据佩戴者的体型，适度调整腰带、背带，使腰间阀、逃生瓶的位置在人体腰部两侧（注意腰间阀的方向，快速插座应朝上方），以佩戴舒适、不妨碍手臂活动为宜。先将移动气源供气管上的快速插座由下向上插到腰间阀的快速插头上，再将面罩-供气阀的插头插到腰间阀的快速插座上，也可在未佩戴腰背带之前将移动气源和面罩的接头直接先接在腰间阀上。打开移动气源的气瓶阀，戴上呼吸面罩，呼吸自如后方可进入工作现场。如 2 人同时使用，应等 2 人全部完全佩戴好后一同进入，并注意保持距离和方向，防止发生相互牵拉供气管而出现意外。

（5）长管呼吸器的使用人员应经充分培训后方可佩戴使用。在使用前应先检查各气源压力是否满足工作压力要求，并严格例行佩戴检查，发现呼吸器、移动气源、逃生气源出现故障或存在隐患不得强制投入使用。在使用过程中，如感觉气量供给不足、呼吸不畅，或出现其他不适情况，应立即撤出现场，或打开逃生气源撤离。

（6）使用过程中，应妥善保护长管呼吸器移动气源上的长管，避免供气长管与锋利尖锐器、角、腐蚀性介质接触或在拖拉时与粗糙物产生摩擦，防止戳破、划坏、刮伤供气管。如不慎接触到腐蚀性介质，应立即用洁净水进行清洗、擦干，如供气长管出现损坏、损伤后应立即更换。

（7）如果长管呼吸器的气源车不能近距离跟随使用人员，应该另行安排监护人员进行监护，以便检查气源，在气源即将耗尽发出警报及发生意外时通知使用人员。

4. 保养维护

（1）清洗。从防毒面罩上卸下呼吸长管。从面罩上拆下所有零件，比如头带、正压接头和呼吸阀组件等。选用中性洗涤剂水溶液清洗面罩和呼吸管。用清水淋洗，水温最高不超过49 ℃。清洗后放置在通风处晾干，切记不可使用吹风机烘干。消毒时，在 10% 的家用漂白剂水溶液中将防毒面罩浸泡 2 min 进行消毒，然后再用清水冲洗并风干。

（2）检查。每次使用前，应检查面罩和呼吸管是否有裂纹、磨损、脏物，确定面罩尤其是密封垫未变形，面罩材料应柔软，不应有坚硬感。检查头带弹性是否良好。检查所有塑性部件是否有裂纹或老化现象。打开呼吸阀盖，检查阀和阀座是否有脏物、变形、裂纹和磨损。如果有部件损坏，尽量选用相同品牌规格的配件进行维修或更换。

（3）存放。将防毒面罩使用洁净的密封袋密封，然后与长管、供气源一起存放在干净的柜中，环境尽量干燥、无污染、无日光直射。

四、逃生呼吸器

1. 原　理

气瓶上装有压力表始终显示气瓶内压力。头罩或全面罩上装有呼气阀，将使用者呼出的气体排出保护罩外，由于保护罩内的气体压力大于外界环境大气压力，所以环境气体不能进入保护罩，从而达到呼吸保护的目的。该装置体积小，可由人员随身携带且不影响人员的正常活动。

2. 结构及设计参数

逃生型呼吸器由压缩空气瓶、减压器、压力表、输气导管、头罩、背包等组成，自给式呼吸器包含 1 个 2 L 300 bar 带压力表的气瓶，可以维持使用约 15 min，可供处于有毒、有害、烟雾、缺氧环境中的人员逃生使用。

3. 使用说明及操作

（1）将挎包套挂在颈部或斜挎在肩上，置于胸前，适度调整背带。

（2）拉毁限制标识牌，撕开包盖，拉开塑料拉链。

（3）取出挎包中的头罩，抓住牵拉索向上拔出气瓶组件上的 U 形开关卡片，激活瓶头减压阀，应听到头罩内有供气气流声。

（4）用两手撑开头罩颈部橡胶圈，使面窗向前套在头上，整理头罩使口鼻罩罩住口鼻。

（5）选择便捷的安全逃生路线，迅速离开危险区域。

（6）使用后的卸装。双手抓住头罩用力向上脱出头颈部（见图7.15）。

图7.15　逃生呼吸器及使用步骤

4. 保养维护

（1）逃生型呼吸器，仅供个人逃生，不可用于工作防护。应放置于干燥通风、无腐蚀物质处。

（2）每月检查有否缺损、是否就位。外观清洁、标志清晰。检查存放位置是否与防火控制图所示相符。

（3）每季度检查紧急逃生呼吸装置的附件是否完整、供气瓶的压力是否在允许范围，必要时充气或维修。

第八章 能量隔离器材

第一节 盲 板

一、概 述

盲板（blind disk）的正规名称叫法兰盖，有的也叫作盲法兰。它是中间不带孔的法兰，用于封堵管道口。所起到的功能和封头及管帽是一样的，只不过盲板密封是一种可拆卸的密封装置，而封头的密封是不准备再打开的。

当一段管道其内壁四周承受的压力可以达到平衡时，流体压力对该管道节段的作用仅表现为管道的内力。当一段管道内流体压强作用在管壁上形成的压力不能达到平衡时，此时该管道节段需要在外力的参与下才能够达到平衡状态，就需要添加盲板来提供一个"盲板力"。盲板密封面的形式种类较多，有平面、凸面、凹凸面、榫槽面和环连接面。凸面板式钢制管法兰盖材质有碳钢、不锈钢、合金钢、铜、铝、PVC 及 PPR 等。

我国现行的盲板相关的法律规范有《盲板的设置》（HG/T 20570.23—1995）、《化学品生产单位盲板抽堵作业安全规范》（AQ 3027—2008）、《A 类盲板法兰》（GB/T 4210—2013）、《管道用钢制插板、垫环、8 字盲板系列》（HG/T 21547—2016）、《阀门零部件 高压盲板》（JB/T 2772—2008）、《钢制管道用盲板工程技术标准》（SH/T 3425—2011）、《快速开关盲板技术规范》（SY/T 0556—2010）、《煤气盲板隔断阀》（YB/T 4235—2010）等。

二、原 理

盲板主要是用于将生产介质完全分离，防止由于切断阀关闭不严，影响生产，甚至造成事故。盲板主要起隔离、切断作用，和封头、管帽、焊接堵头所起的作用是一样的。

三、结构及技术参数

从外观上看，一般分为 8 字盲板、插板、以及垫环（插板和垫环互为盲通）（见图 8.1）。标准盲板的尺寸如表 8.1 所示。

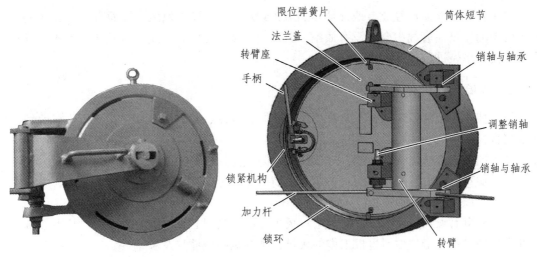

图 8.1 快开盲板及其结构图

表 8.1 盲板尺寸表 （单位：mm）

公称尺寸		D	D_1	f	$Z \times \phi d$	b	参考质量/kg
PN160、PN220	PN250、PN320						
6	6	70	42		$3 \times \phi 16$	15	0.382
10，15	10	95	60		$3 \times \phi 18$	20	0.991
25	15	105	68				1.232
32	25	115	80		$4 \times \phi 18$	22	1.600
-	32	135	95		$4 \times \phi 22$	25	2.484
40	-	165	115		$6 \times \phi 26$	28	3.939
50	40	165	115	1.5	$6 \times \phi 26$	32	4.507
65	50	200	145		$6 \times \phi 29$	40	8.497
80	65	225	170	2	$6 \times \phi 33$	50	13.388
100	80	260	195		$6 \times \phi 39$	60	21.711
125	100	300	235		$8 \times \phi 39$	75	35.285
150	125	330	255	3	$8 \times \phi 42$	78	44.519
-	150	400	315		$8 \times \phi 48$	90	76.668
-	200	480	380		$8 \times \phi 60$	120	145.562

四、使用说明及操作

1. 盲板的选用

对于高压盲板，有系列的产品可供选购，而对于中低压盲板，都是由各单位自己制作，盲板的直径和厚度大多凭经验选取。

（1）盲板的材质、厚度应与介质性质、压力、温度相适应，严禁用石棉板或白铁皮代替盲板。

（2）管线中介质已经放空或介质压力≤2.5 MPa时，可以使用光滑面盲板，其厚度不应小于管壁的厚度。管线中介质没有放空，其压力＞2.5 MPa时，或者需要其他形式的盲板，应委托设计单位进行核算后选取。

2.　盲板的抽堵作业

（1）抽堵盲板需指定负责人及监护人，绘制盲板图，并对需要抽堵的盲板进行编号，注明抽堵盲板的部位和规格，以便查对。

（2）抽堵盲板时应认真检查，遵章作业，防止漏拆和漏装。

（3）加盲板的位置应在有物料来源的阀门的另一侧，盲板两侧均应安装垫片，所有螺栓都要紧固，以保持严密性。

（4）从事有毒物料设备管道的抽堵盲板工作的人员，必须佩戴防毒面具。从事酸碱等腐蚀性介质的设备管道的抽堵盲板工作的人员，须穿戴防酸面具及衣靴。

（5）拆卸螺栓应隔一个或两个松一个，缓慢进行，以防管道内余压或者残料喷出伤人。确认无气无液时，方可拆下螺栓，作业人员要在上风向，不得正对法兰缝隙，不得使用铁器敲打管道和管件，必须敲打时，应使用防爆工具。

（6）拆卸管道上法兰间的盲板时，如距支架较远，应加临时支架或吊架，防止螺栓拆除后管线伤人。

（7）盲板抽堵完成后，需经负责人按照盲板图核对无误后，方可进行下一步的工作。

3.　盲板的开启与关闭

（1）锁环式快开盲板的开启。

① 打开带压容器的放空阀及排污阀，使筒内压力降为零。

② 拧下放气阀，取下安全卡板。

③ 顺时针转动丝杆，使压环左右分开至一定位置，使左右压环的齿牙完全分开。

④ 轻拉盲板盖把手，盲板即可打开。

（2）锁环式快开盲板的关闭。

① 彻底清除密封面、密封槽及上下压环柄内的污物后，涂抹防锈油脂。

② 推进盲板盖使其完全嵌入压环。

③ 逆时针转动丝杆，锁紧盲板盖。

④ 装好安全卡板，拧紧放气阀。

⑤ 关闭压力容器的放空阀和排污阀。

4.　盲板操作注意事项

（1）快开盲板正面和内测不能站人。

（2）使用盲板的人，必须了解盲板的结构及操作规程。

（3）盲板盖开启前必须先开放空阀，待容器内压力降至零后，方可进行开启盲板的操作。

（4）带盲板的压力容器在加压前，必须先装好盲板的防松板后，方可加压和投入使用。

（5）投入使用后，不允许敲击和碰撞各主要承压部件。

5. 保养维护

（1）每日检查门和锁环接触面是否干净并没有锈蚀，检查泄压螺栓孔的螺扣是否完好，没有锈蚀。

（2）每月检查门密封是否有损坏。

（3）每季度通过盲板下部泄水孔用泵吸式检测仪检测，探头伸入到泄水孔后待指针保持 3 分钟以上稳定后读数。

（4）每半年检查双向不锈钢卡环的受压情况。

（5）每年对盲板进行全面的维护保养，包括检查密封圈表面有无机械损坏、密封凹槽内有无锈蚀和污物等。

（6）若发现盲板其他情况，根据具体情况采取相应措施

第二节　上锁与挂牌

一、概　述

上锁挂牌（英文全名 Lockout/Tagout，简称 LOTO），是使危险能量得到有效控制的安全管理方法。美国劳工部有数据表明：近 10% 的生产事故，都与"危险能量没有得到控制"有关。美国现行标准中至少有 2 个标准是针对"危险能量控制"的，如《OSHA29 CFR 1910.147 -Control of Hazardous Energy》《ANSI/ASSEZ244.1-2003（R2008）Control of Hazardous Energy Lockout/Tagout and Alternative Methods》，其中 OSHA 标准（美国职业安全与健康标准）是运用得最为广泛，而且是得到各国推崇的标准。上锁挂牌已得到许多欧美国家的政府、组织、企业和员工的高度重视和普遍执行。在国内，随着与国际接轨的进程加快和人们对安全生产的日益追求，上锁挂牌也逐渐得到认同和重视。

挂牌和上锁适用于涉及设备、程序或机械、电气、液压或气压系统的安装、维修、运转、调试、检查、清洁、保养等有客户或分包商人员参与的各种作业。所有在机械设施或设备上工作的人员每个人必须配备专用的锁和标识牌。若机械设备较简单，危险能源数量很少，在执行挂牌上锁程序时，每个工人应该用自己的锁锁控所有的危险能源。

二、原　理

在进行非常规作业时，为避免设备设施或系统区域内蓄积危险能量或物料的意外释放，所有危险能量和物料均应进行隔离，执行上锁、挂牌并测试隔离效果。

上锁的目的是锁定隔离装置，使别人不能启动动力源或者机器设备直到打开锁具，挂牌则是警告其他人被隔离的动力源或设备不能开启并提供相关信息，上锁与挂牌可以通过隔离思路，锁定这些危险动力源的方法来达到安全的目的。

三、锁控分类

锁控方式分为单独锁控、多重锁控、复合锁控 3 种方式：

1. 单独锁控

当一名授权人员需要在有一个或多个能源分离装置的机器、设备、程序进行作业时，该授权人员将放置一个有相关信息的锁在所有的能源分离装置上（见图 8.2、图 8.3）。

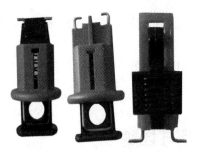

图 8.2　空气开关锁具　　　　　图 8.3　单独锁具

2. 多重锁控

当多名授权人员需要在有一个或多个能源分离装置的机器、设备、程序进行作业时，每一授权人员将在能源分离装置上放置其个人的锁和标识，如需要时使用多重式锁（见图 8.4）。

图 8.4　不同形式的多重式锁

3. 复合锁控

当超过一名以上的授权人员需要在机器、设备、程序进行作业并存在如下状况时，将使用复合锁控：众多的能源分离装置或授权人员参与，长期的能源分离，能源分离装置相对地不易接近，机器、设备、程序的部件存在互相依赖和多重关联的情况。

挂牌、锁箱如图 8.5、图 8.6 所示。

图 8.5 挂牌

图 8.6 锁箱

四、使用说明及操作

1. 旋塞阀锁

（1）将旋塞安全锁底放在要控制的阀门阀杆处。

（2）将扣匝于阀杆上并将其拧紧固定在阀杆上。

（3）将安全锁具盖扣入底座中。

（4）用挂锁/挂牌将其固定（见图 8.7）。

图 8.7 旋塞阀锁

2. 球阀安全锁

（1）将锁具打开。

（2）将锁柄套在阀门手柄上。

（3）将锁套套进锁柄。

（4）在适当位置对准锁孔，用挂锁锁住（见图 8.8）。

图 8.8 球阀安全锁

3. 蝶阀安全锁

（1）线缆穿过要锁定的设备。

（2）把线缆穿进锁具上的线缆孔，并尽量拉紧。

（3）用手握紧锁具，对准锁孔。

（4）锁上挂锁（见图 8.9）。

图 8.9 蝶阀安全锁

4. 标准球阀安全锁

（1）用十字起将锁具套装组合。

（2）将锁具套进阀门手柄，移至合适位置。

（3）用挂锁将其锁住，固定（见图 8.10）。

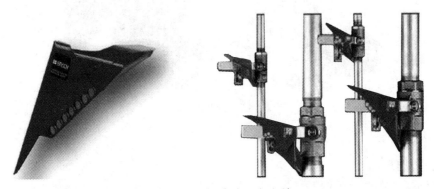

图 8.10 标准球阀安全锁

5. 万用门阀安全锁

（1）按压手轮柄，打开夹子。

（2）将该锁具置于阀门手柄上。

（3）旋转锁具的手柄与管道的方向垂直，即在阀门方向上，调节手轮锁紧夹子。

（4）将挂锁插入夹子里锁住（见图 8.11）。

6. 门阀安全锁

（1）打开门阀安全锁具。

（2）用锁具将阀门手柄包住并合闭。

（3）用挂锁将其固定并挂牌（见图8.12）。

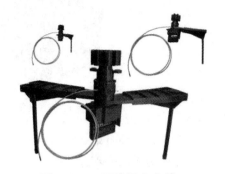

图 8.11　万用球阀安全锁

图 8.12　门阀安全锁

7. 微型电气开关安全锁

（1）按压锁具按钮，伸出卡位钢丝。

（2）将钢丝的两端卡进断路器上的小孔。

（3）松开按钮，使之自动弹出。

（4）锁上挂锁（见图8.13）。

图 8.13　微型电气开关安全锁

8. 卡箍式断路器锁

（1）使用翼型螺钉将锁具固定在开关钮上。

（2）将挡盖扣紧到翼型钉上。

（3）用挂锁将其固定并挂牌（见图8.14）。

图 8.14　卡箍式断路器锁

9. 按键安全锁

（1）拆卸要保护的按键。

（2）将其贴在面板上，装回按键。

（3）将其用锁具锁定（见图 8.15）。

10. 挂牌使用

图 8.15　按键安全锁

（1）危险警示标牌的设计应与其他标牌有明显区别。警示标牌应包括标准化用语（如"危险，禁止操作"或"危险，未经授权不准去除"）。危险警示标牌应标明员工姓名、联系方式、上锁日期、隔离点及理由。危险警示标牌不能涂改，一次性使用，并满足上锁使用环境和期限的要求。

（2）使用后的标牌应集中销毁，避免误用。

（3）危险警示标牌除了用于指明控制危险能量和物料的上锁挂牌隔离点外，不得用于任何其他目的。

五、保养维护

（1）锁具不能长时间暴露在雨水中，降下的雨水会腐蚀锁具。

（2）平常经常保持锁头的清洁，不要让异物进入锁芯，导致开启困难甚至无法打开。

（3）定期给锁芯注入润滑油、石墨粉或者铅笔粉，帮助减少因使用时间过长而留下的氧化层。

（4）注意因天气（春天湿润，冬季干燥）而引起的热胀冷缩，以确保锁体本身与钥匙的间隙合理配合，确保锁具使用顺畅。

参考文献

［1］ 袁忠长. 建（构）筑物消防实操培训[M]. 北京：化学工业出版社，2013.

［2］ 张速治. 消防器材与装备[M]. 北京：中国石化出版社，2010.

［3］ 马秀让. 油库消防与安全设备设施[M]. 北京：中国石化出版社，2016.

［4］ 国家安全生产监督管理总局信息研究院编. 消防安全常识[M]. 北京：煤炭工业出版社，2015.

［5］ 刘旭荣. 劳动防护用品管理和使用知识[M]. 北京：化学工业出版社，2013.

［6］ 邢娟娟. 劳动防护用品与应急防护装备实用手册[M]. 北京：航空工业出版社，2007.